?! 歴《れき》史《し》漫《まん》画《が》 サバイバル シリーズ 12

明《めい》治《じ》時《じ》代《だい》のサバイバル

（生《い》き残《のこ》り作戦《さくせん》）

マンガ：もとじろう／ストーリー：チーム・ガリレオ／監修《かんしゅう》：河合《かわい》 敦《あつし》

はじめに

明治時代《めいじじだい》は、およそ680年続《ねんつづ》いた武士《ぶし》の支配《しはい》が終《お》わり、日本《にほん》が近代《きんだい》国家《こっか》に向《む》かって歩《あゆ》み始《はじ》めた時代《じだい》です。

この時代《じだい》について、学校《がっこう》の授業《じゅぎょう》では、明治政府《めいじせいふ》が政治《せいじ》のしくみを整《ととの》えたり、経済《けいざい》を発展《はってん》させたり、軍隊《ぐんたい》を強化《きょうか》したりするなど、さまざまな改《かい》革《かく》を行《おこな》って、ヨーロッパの国々《くにぐに》やアメリカといった先進国《せんしんこく》に負《ま》けない近《きん》代的《だいてき》な国家《こっか》づくりを目指《めざ》したことを学習《がくしゅう》します。

今回《こんかい》のマンガでは、現代《げんだい》の小学生《しょうがくせい》、シュン、ユイ、ノブの3人組《にんぐみ》が、明治《めいじ》時代《じだい》の日本《にほん》にタイムスリップ。江戸時代《えどじだい》からの生活《せいかつ》の変化《へんか》を体験《たいけん》したり、近《きん》代的《だいてき》な憲法《けんぽう》（大日本帝国憲法《だいにほんていこくけんぽう》）がどのように生《う》まれたのかを学《まな》んだりします。

みなさんも、彼《かれ》らといっしょに、明治時代《めいじじだい》の日本《にほん》を体験《たいけん》する旅《たび》に出《で》かけましょう！

監修者《かんしゅうしゃ》　河合《かわい》　敦《あつし》

明治時代《めいじじだい》のサバイバルの舞台《ぶたい》は…？

4万年前《まんねんまえ》
2万年前《まんねんまえ》
1万年前《まんねんまえ》
2000年前《ねんまえ》
1500年前《ねんまえ》
1400年前《ねんまえ》
1300年前《ねんまえ》
1200年前《ねんまえ》
1100年前《ねんまえ》
1000年前《ねんまえ》
900年前《ねんまえ》
800年前《ねんまえ》
700年前《ねんまえ》
600年前《ねんまえ》
500年前《ねんまえ》
400年前《ねんまえ》
300年前《ねんまえ》
200年前《ねんまえ》
100年前《ねんまえ》
50年前《ねんまえ》

先史時代《せんしじだい》
- 旧石器時代《きゅうせっきじだい》
- 縄文時代《じょうもんじだい》

古代《こだい》
- 弥生時代《やよいじだい》
- 古墳時代《こふんじだい》／飛鳥時代《あすかじだい》
- 奈良時代《ならじだい》
- 平安時代《へいあんじだい》

中世《ちゅうせい》
- 鎌倉時代《かまくらじだい》
- 室町時代《むろまちじだい》
- 安土桃山時代《あづちももやまじだい》

近世《きんせい》
- 江戸時代《えどじだい》

ココ!!

近代《きんだい》
- 明治時代《めいじじだい》
- 大正時代《たいしょうじだい》

現代《げんだい》
- 昭和時代《しょうわじだい》
- 平成時代《へいせいじだい》

日本人《にほんじん》の祖先《そせん》が住《す》み着《つ》く
土器《どき》を作《つく》り始《はじ》める
貝塚《かいづか》が作《つく》られる
米作《こめづく》りが伝《つた》わる
大和朝廷《やまとちょうてい》が生《う》まれる
平城京《へいじょうきょう》が都《みやこ》になる
平安京《へいあんきょう》が都《みやこ》になる
モンゴル（元《げん》）軍《ぐん》が2度《ど》攻《せ》めてくる
室町幕府《むろまちばくふ》が開《ひら》かれる
金閣《きんかく》や銀閣《ぎんかく》がつくられる
江戸幕府《えどばくふ》が開《ひら》かれる
明治維新《めいじいしん》
大正《たいしょう》デモクラシー
太平洋戦争《たいへいようせんそう》
高度経済成長《こうどけいざいせいちょう》

米作《こめづく》りが広《ひろ》まる

巨大《きょだい》なお墓《はか》（古墳《こふん》）がつくられる

奈良《なら》の大仏《だいぶつ》がつくられる

華《はな》やかな貴族《きぞく》の時代《じだい》

鎌倉幕府《かまくらばくふ》が開《ひら》かれる
（武士《ぶし》の時代《じだい》の始《はじ》まり）

戦国時代《せんごくじだい》

町人文化《ちょうにんぶんか》が盛《さか》んになる

文明開化《ぶんめいかいか》

現代《げんだい》

もくじ

歴史《れきし》サバイバルメモ

登《と》場《じょう》人《じん》物《ぶつ》

シュン

元気《げんき》いっぱいの小学生《しょうがくせい》。
勉強《べんきょう》は苦手《にがて》で、
歴史《れきし》の知識《ちしき》はほとんどゼロ。
ふだんはお調子者《ちょうしもの》だけど、
行動力《こうどうりょく》は抜群《ばつぐん》。
懐中時計《かいちゅうどけい》を盗《ぬす》んだ
鼠小僧三世《ねずみこぞうさんせい》を追《お》いかけて、
明治時代《めいじじだい》を駆《か》けめぐる。

ユイ

しっかり者《もの》のメガネっ子《こ》。
いつでも沈着冷静《ちんちゃくれいせい》で、
暴走《ぼうそう》しがちなシュンを抑《おさ》える。
歴史好《れきしず》きで、豊富《ほうふ》な知識《ちしき》が
明治時代《めいじじだい》のサバイバルにも役立《やくだ》つ。
世話《せわ》になった牛鍋屋《ぎゅうなべや》さんのために、
商売《しょうばい》の才能《さいのう》も発揮《はっき》。

ノブ

気《き》は優《やさ》しくて力《ちから》持《も》ちの、憎《にく》めない性格《せいかく》。

食《く》いしん坊《ぼう》で、すぐおならをする。

のんびり屋《や》だけど、

いざという時《とき》は秘《ひ》めた力《ちから》を発揮《はっき》する。

決《き》めゼリフは、

「食《た》べ物《もの》を粗末《そまつ》にしちゃダメ！」

伊藤博文《いとうひろぶみ》

明治政府《めいじせいふ》の

初代総理大臣《しょだいそうりだいじん》。

憲法《けんぽう》の草案《そうあん》づくりに

情熱《じょうねつ》を燃《も》やしている。

鼠小僧三世《ねずみこぞうさんせい》

泥棒《どろぼう》。

３人《にん》の大切《たいせつ》な

懐中時計《かいちゅうどけい》を盗《ぬす》む。

テル

３人《にん》が幕末《ばくまつ》に

タイムスリップした

時《とき》に出会《であ》った友人《ゆうじん》。

明治時代《めいじじだい》で再会《さいかい》した。

今《いま》は伊藤博文《いとうひろぶみ》の秘書《ひしょ》。

1章《しょう》
今度《こんど》は明治《めいじ》時代《じだい》にタイムスリップ!?

シュン ユイ ノブの3人《にん》は……
ユイ
ノブ
シュン
シュンの家《いえ》の屋根裏《やねうら》で見《み》つけた懐中《かいちゅう》時計《どけい》の不思議《ふしぎ》な力《ちから》で……
ぱかっ

今《いま》から約《やく》150年前《ねんまえ》の幕末《ばくまつ》の時代《じだい》へとタイムスリップ！
ギュルルル
キャアア
うわー
何度《なんど》も危《あぶ》ない目《め》にあいながら──
ぴゅーーん
元《もと》の世界《せかい》に戻《もど》ってきた！
しかし！
あ…
ノブがうっかり 再《ふたた》び時計《とけい》のフタを開《あ》けてしまい──
ぱかっ

これまでの話《はなし》を知《し》りたい人《ひと》は「幕末《ばくまつ》のサバイバル」を読《よ》んでね！

また
開《あ》けちゃったのぉ〜〜!?
どっ
イテテテ
みんな大丈夫《だいじょうぶ》か?
ずべ

ズュフ
ミュルルルルルル
うん……ノブは大丈夫《だいじょうぶ》？なんか 急《きゅう》に細《ほそ》くてかたくなってるけど……
それはボクじゃなくて……えーと……なんだろう？
郵便
POST
※昔《むかし》のポストです
どいたどいたーっ

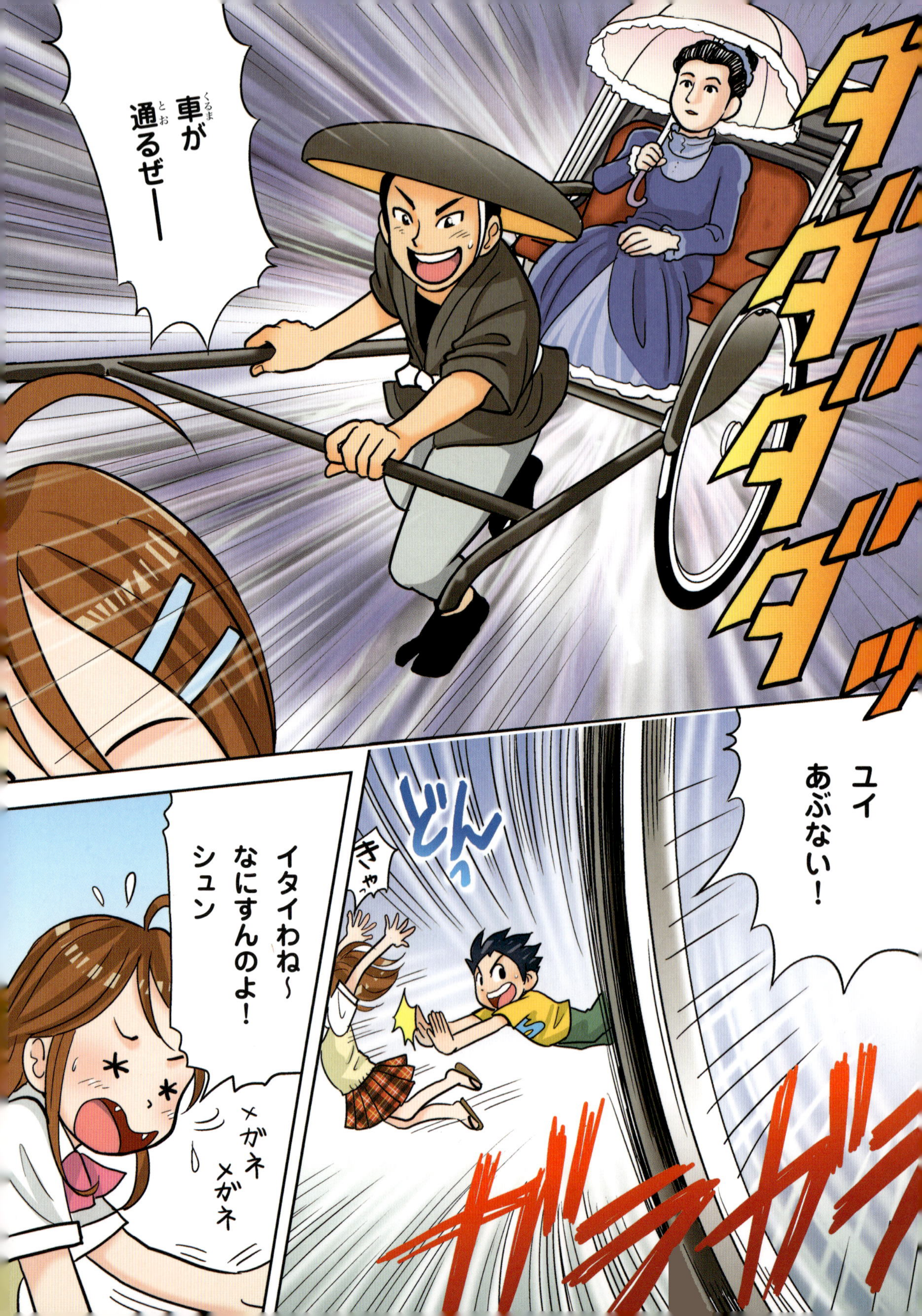
車《くるま》が通《とお》るぜー
ダダダダタッ
ユイあぶない！
どんっ
きゃっ
ガラガラ
イタイわね～なにすんのよ！シュン
メガネメガネ

気《き》をつけろ！
ここをどこだと
思《おも》ってやがるっ
牛鍋
どこなんですか？
助《たす》けてやった
のに～……
カクッ
なんだよ
本当《ほんとう》に知《し》らねーの
か……
ここはなぁ
——

今《いま》 日本《にほん》でいちばん発展《はってん》している街《まち》！ 東京《とうきょう》・銀座《ぎんざ》のど真《ま》ん中《なか》だぜぃ!!
銀座《ぎんざ》……？
銀座《ぎんざ》のレンガ街《がい》？ ということは 私《わたし》たち 今度《こんど》は明治時代《めいじじだい》に来《き》たんだわ

メイジ時代《じだい》って いつ頃《ごろ》だっけ?
幕末《ばくまつ》の後《あと》…… 私《わたし》たちの時代《じだい》から 150年《ねん》ぐらい前《まえ》よ
西洋《せいよう》のさまざまな文明《ぶんめい》を 取《と》り入《い》れた 日本《にほん》の近代《きんだい》の始《はじ》まりね
は?・
いつって そりゃ 今《いま》だよ 今《いま》!
そういえば 洋服《ようふく》も着《き》てるし 頭《あたま》もチョンマゲじゃ ないし……今《いま》のオレたちの かっこうと似《に》てるな

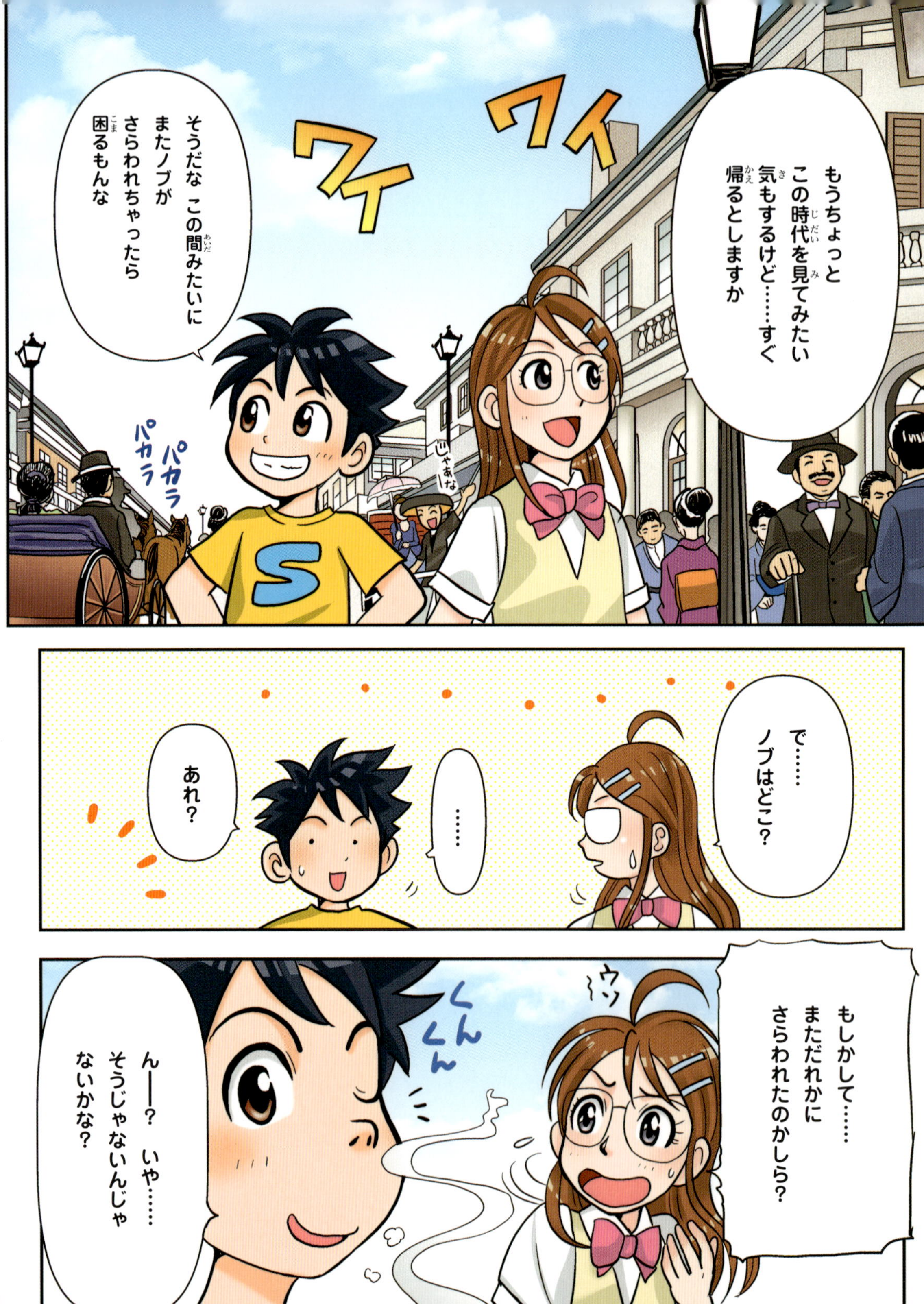
もうちょっと
この時代《じだい》を見《み》てみたい
気《き》もするけど……すぐ
帰《かえ》るとしますか
ワイ
ワイ
そうだな この間《あいだ》みたいに
またノブが
さらわれちゃったら
困《こま》るもんな
じゃあな
パカラ
パカラ
で……
ノブはどこ?
……
あれ?
もしかして……
まただれかに
さらわれたのかしら?
ウッ
くん
くん
んー? いや……
そうじゃないんじゃ
ないかな?

何《なに》のんきなこと言《い》ってるのよ！
早《はや》くしないとノブがまたゴーモン火《ひ》あぶりの刑《けい》に……
やたら話《はなし》がオーバーになってない？
私《わたし》捜《さが》してくるっ!!
ダッ
え？
あ…オイ！
あーあ 行《い》っちゃったよ……
明《めい》治《じ》時代《じだい》の銀座《ぎんざ》でどこを探《さが》すつもりなんだ？
ノブを捜《さが》すならまずは食《た》べ物《もの》からでしょ
プーン
このおいしそうなニオイにすぐ気《き》づいたハズ……
ココだ！
ナベギュウ？
鍋 とえだ 牛

こんないいニオイに
ノブがじっとしてる
わけないのに……
ユイ花粉症《かふんしょう》か？
ごめんくださーい
あっ
やっぱり
ぐつぐつ
おっ もう
食《た》べ頃《ごろ》だぜ
いただきまー……
サッ
おっと

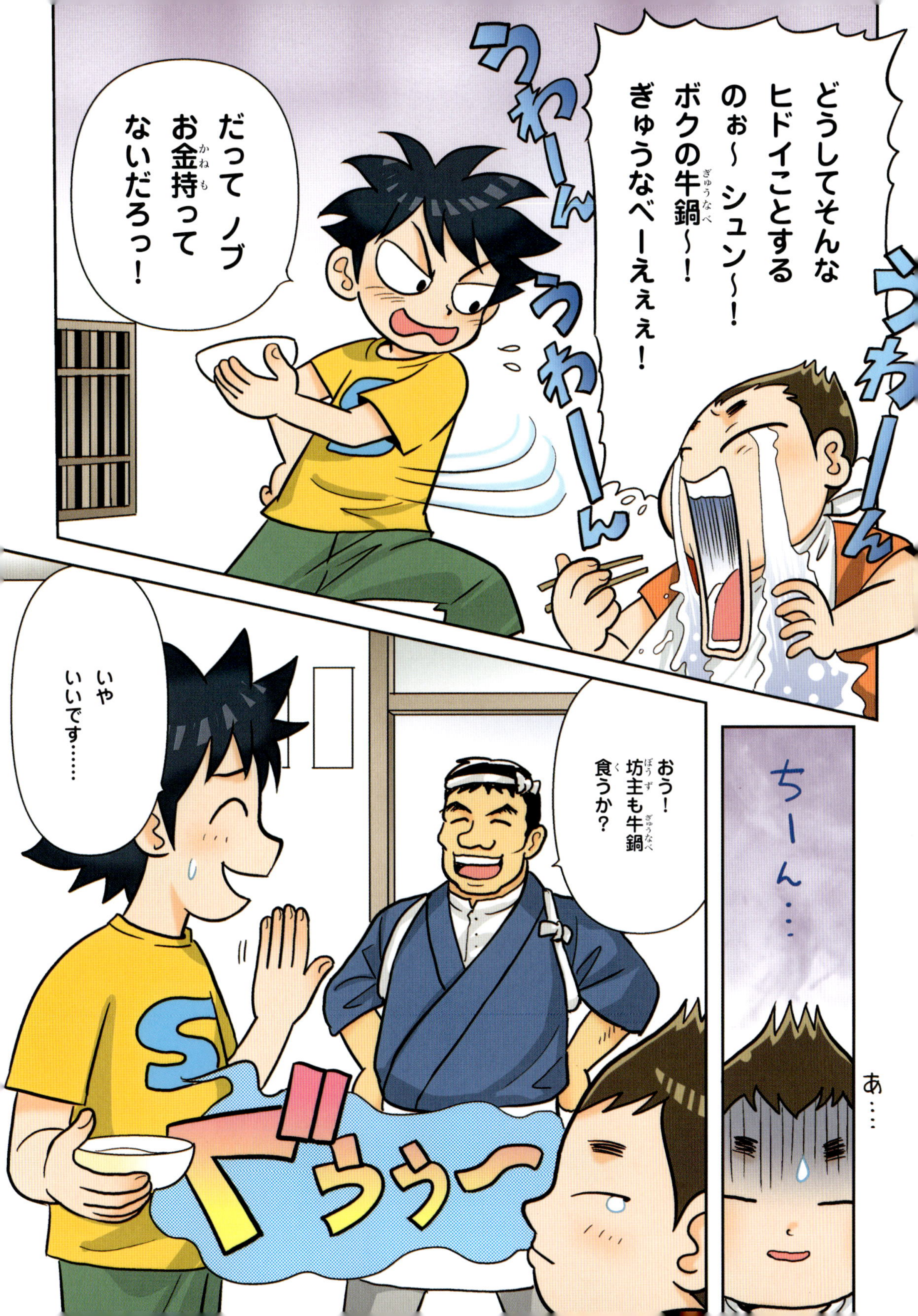
うわーーん
どうしてそんなヒドイことするのぉ～ シュン～～！ ボクの牛鍋《ぎゅうなべ》～～！ ぎゅうなべーーえぇぇ！
うわーーん
うわーーん
だってノブ お金《かね》持《も》って ないだろっ！
ちーん…
あ…
おう！ 坊主《ぼうず》も牛鍋《ぎゅうなべ》 食《く》うか？
いや いいです……
ブうう〜

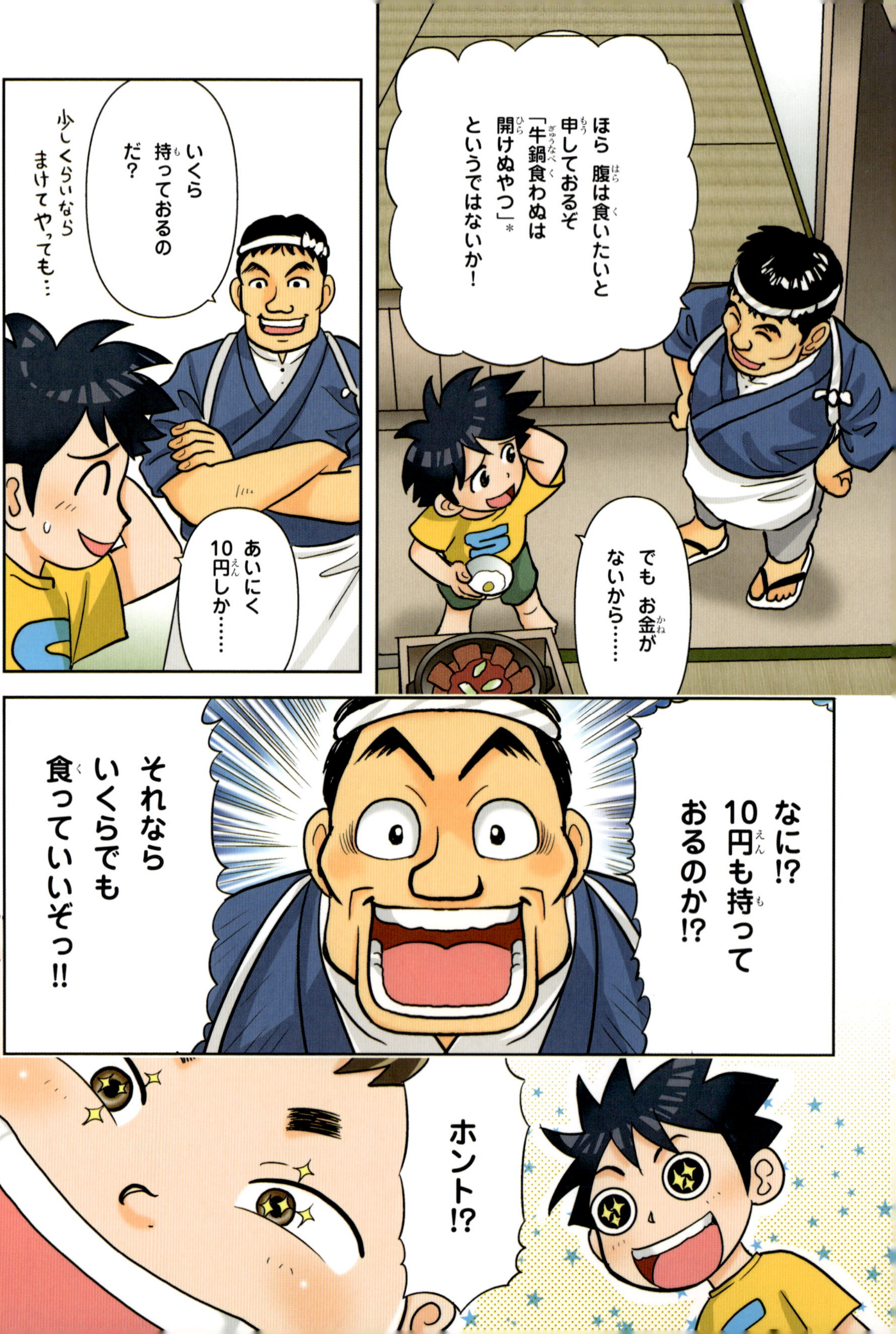
ほら 腹《はら》は食《く》いたいと
申《もう》しておるぞ
「牛鍋《ぎゅうなべ》食《く》わぬは
開《ひら》けぬやつ」＊
というではないか！
でも お金《かね》が
ないから……
いくら
持《も》っておるの
だ？
少しくらいなら
まけてやっても…
あいにく
10円《えん》しか……
なに!?
10円《えん》も持《も》って
おるのか!?
それなら
いくらでも
食《く》っていいぞっ!!
ホント!?

＊牛鍋《ぎゅうなべ》を食《た》べない人《ひと》は時代遅《じだいおく》れだという意味《いみ》の、当時《とうじ》のはやり言葉《ことば》

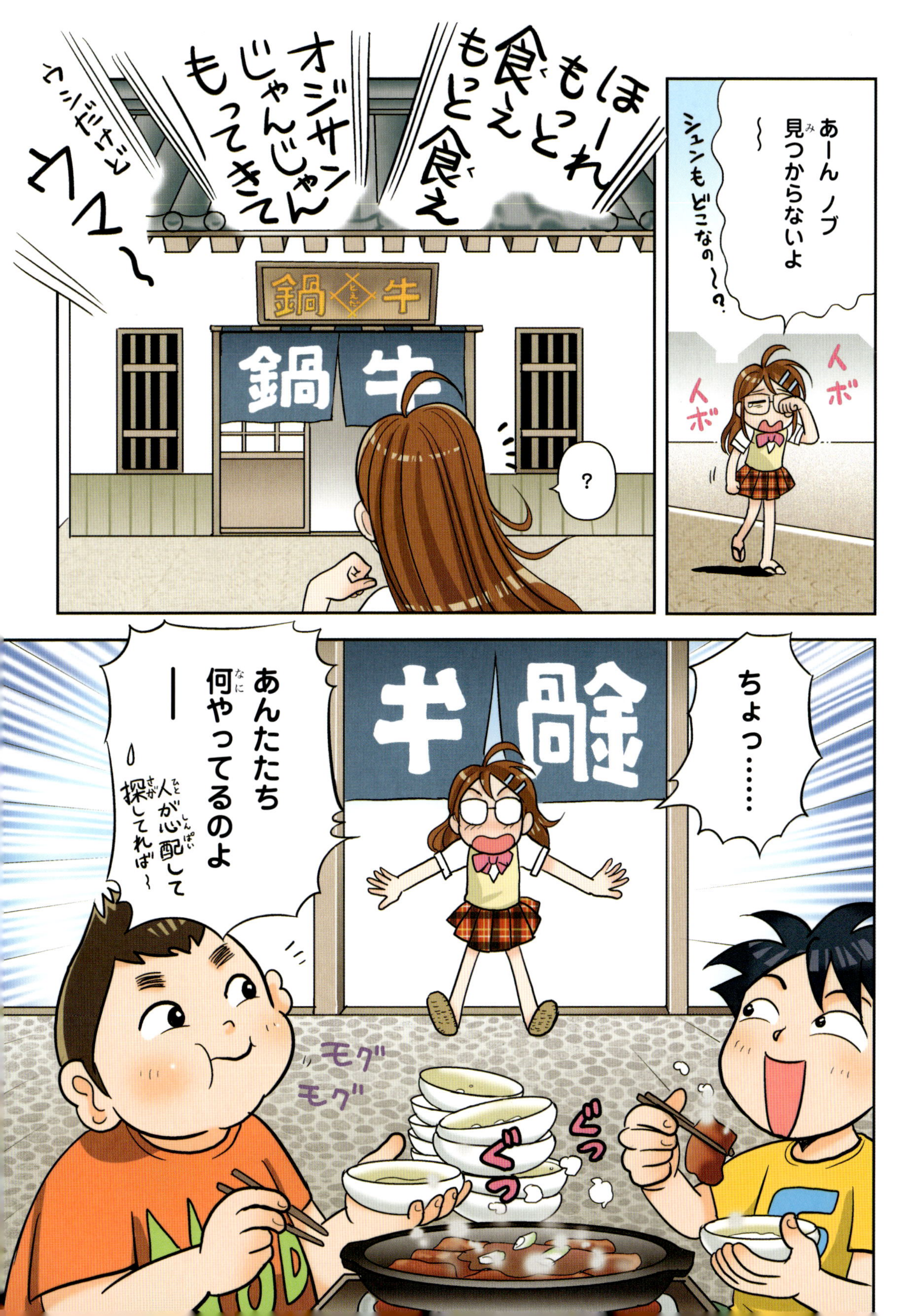
あーん ノブ
見《み》つからないよ〜
シュンも どこなの〜〜っ
トボ
トボ
ほーれ もっと食《く》え
もっと食《く》え
オジサン じゃんじゃん もってきて
ウソだけど
ウマ〜
牛鍋
牛鍋
?
ちょっ……
あんたたち 何《なに》やってるのよ ──
人《ひと》が心配《しんぱい》して 探《さが》してれば〜
牛鍋
モグ
モグ
ぐつ
ぐつ

おー ユイ!
おまえも食《く》ってけよ
うまいぞ 牛鍋《ぎゅうなべ》!
パク
パク
ちょい
ちょい
何《なに》言《い》ってんの?
お金《かね》ないでしょ?
まだ食《く》うかい?
大丈夫《だいじょうぶ》だよ
10円《えん》で
いくらでも食《た》べて
いいって オジサンが!
はーーっ…
シュンってば……バカなの?
バカとは
なんだよ
ムカ
ハイ
じゃ
オジサン
10円《えん》ね
へい
まいどあ…
む!?
10
平成二十年

坊主《ぼうず》!!
これはいったいど・う・い・う・こ・とかな〜〜〜?
どういう……って10円《えん》だけど……?
私《わたし》たちの時代《じだい》の10円玉《えんだま》は明治時代《めいじじだい》では使《つか》えないのよ シュン
そうなの⁉
先《さき》に教《おし》えてくれよ〜
だいたい10円《えん》で食《た》べ放題《ほうだい》なんておかしいでしょ?
たしかに・・
そお?

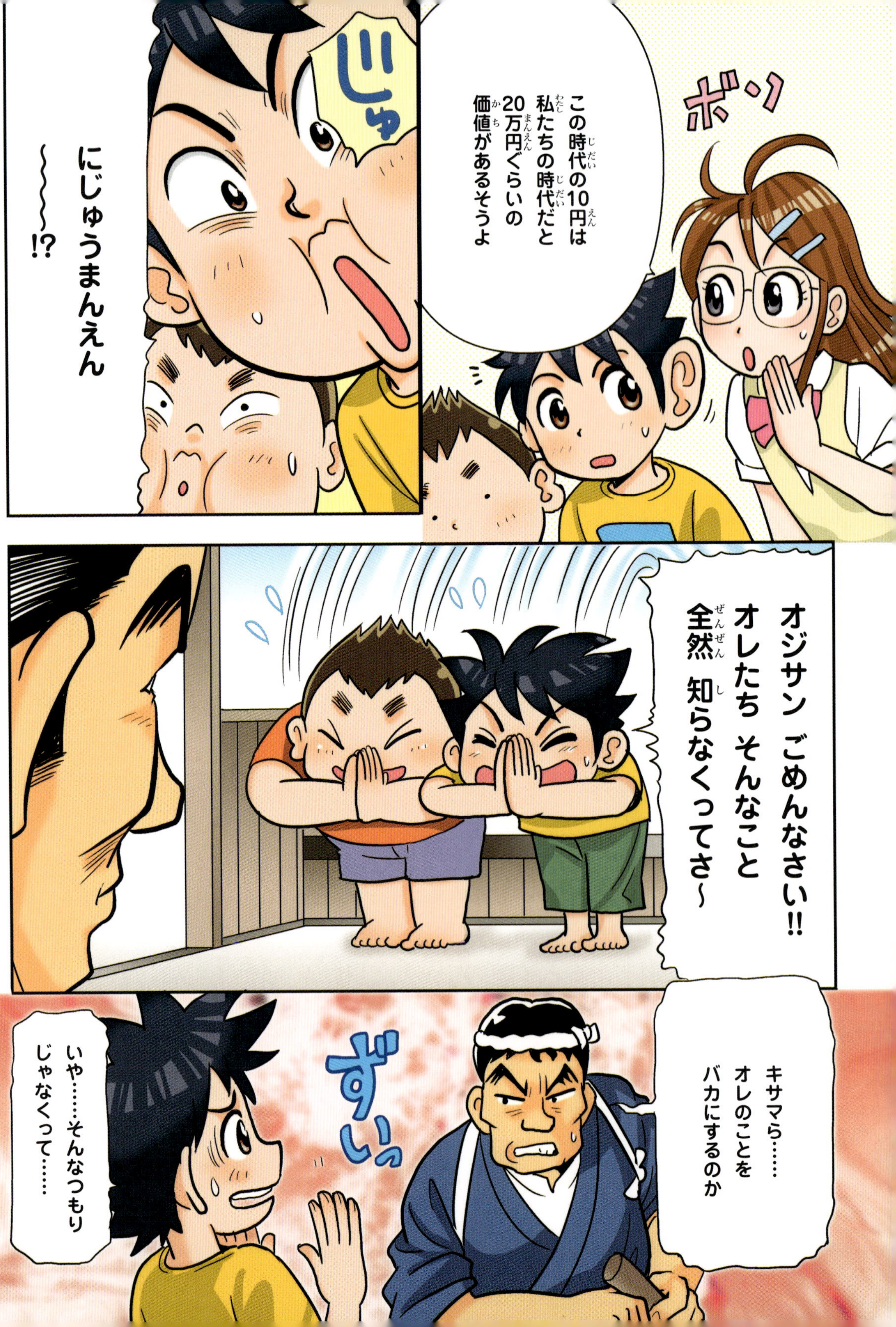
ボッ
この時代《じだい》の10円《えん》は
私《わたし》たちの時代《じだい》だと
20万円《まんえん》ぐらいの
価値《かち》があるそうよ
じゅ
にじゅうまんえん
〜〜〜〜!?
オジサン ごめんなさい!!
オレたち そんなこと
全然《ぜんぜん》 知《し》らなくってさ〜
ずいっ
キサマら……
オレのことを
バカにするのか
いや……そんなつもり
じゃなくって……

今《いま》でこそザンギリ頭《あたま》＊で牛鍋《ぎゅうなべ》の店《みせ》を開《ひら》いているが
元《もと》は武士《ぶし》……士族《しぞく》の出《で》よ！坊主《ぼうず》になめられてたまるかい!!
＊ザンギリ頭《あたま》＝マゲをつくらず、西洋風《せいようふう》に短《みじか》く切《き》った髪《かみ》
たたき斬《き》ってやる!!
木刀《ぼくとう》だけど
ひぇぇ

江戸時代《えどじだい》が終《お》わり明治時代《めいじじだい》が始《はじ》まった

①徳川慶喜《とくがわよしのぶ》の「大政奉還《たいせいほうかん》」

江戸《えど》時代《じだい》に日本《にほん》を治《おさ》めていたのは、徳川家康《とくがわいえやす》の子孫《しそん》を将軍《しょうぐん》とする江戸幕府《えどばくふ》でした。しかし、その力《ちから》が弱《よわ》まってくると、幕府《ばくふ》を倒《たお》そうとする勢力《せいりょく》（倒幕派《とうばくは》）が出《で》てきました。その中心《ちゅうしん》となったのが長州藩《ちょうしゅうはん》（山口県《やまぐちけん》）と薩摩藩《さつまはん》（鹿児島県《かごしまけん》）です。

倒幕派《とうばくは》の勢力《せいりょく》が強《つよ》まるなか、15代将軍《だいしょうぐん》・徳川慶喜《とくがわよしのぶ》は、1867（慶応《けいおう》3）年《ねん》に、政権《せいけん》を天皇《てんのう》（朝廷《ちょうてい》）に返《かえ》しました。これを「大政奉還《たいせいほうかん》」といいます。

「大政奉還《たいせいほうかん》」を決断《けつだん》した徳川慶喜《とくがわよしのぶ》
慶喜《よしのぶ》は、「大政奉還《たいせいほうかん》」の後《あと》も徳川氏《とくがわし》が政治《せいじ》に関《かか》わることを考《かんが》えていたが、倒幕派《とうばくは》は天皇《てんのう》を中心《ちゅうしん》とした政府《せいふ》をつくり、徳川氏《とくがわし》を政権《せいけん》に入《い》れないと決定《けってい》した

邨田丹陵「大政奉還」聖徳記念絵画館蔵

②戊辰戦争《ぼしんせんそう》が始《はじ》まる

大政奉還《たいせいほうかん》の後《のち》、薩摩藩《さつまはん》や長州藩《ちょうしゅうはん》が中心《ちゅうしん》となって朝廷《ちょうてい》を動《うご》かし、「王政復古《おうせいふっこ》の大号令《だいごうれい》」を出《だ》して新政府《しんせいふ》をつくりました。幕府《ばくふ》はなくなり、そのうえ徳川氏《とくがわし》は完全《かんぜん》に新政権《しんせいけん》からはずされることになりました。

幕府《ばくふ》を支持《しじ》する人《ひと》たち（旧幕府軍《きゅうばくふぐん》）は、これに不満《ふまん》を持《も》ち、1868（慶応《けいおう》4）年《ねん》に新政府《しんせいふ》に対《たい》して戦《たたか》いを起《お》こしました。戊辰戦争《ぼしんせんそう》の始《はじ》まりです。

しかし、最新装備《さいしんそうび》の新政府軍《しんせいふぐん》に敗《やぶ》れて降伏《こうふく》し、江戸城《えどじょう》を明《あ》け渡《わた》しました。抵抗《ていこう》を続《つづ》けていた一部《いちぶ》の人々《ひとびと》も、翌年《よくねん》に降伏《こうふく》しました。

戊辰戦争《ぼしんせんそう》の最後《さいご》の戦場《せんじょう》・五稜郭《ごりょうかく》
京都《きょうと》で戦争《せんそう》を始《はじ》めた旧幕府軍《きゅうばくふぐん》は、新政府軍《しんせいふぐん》に敗戦《はいせん》を繰《く》り返《かえ》し、最後《さいご》は蝦夷地《えぞち》・箱館《はこだて》（北海道函館市《ほっかいどうはこだてし》）の五稜郭《ごりょうかく》で抵抗《ていこう》した

写真：朝日新聞社

③「明治維新《めいじいしん》」が始《はじ》まる

新政府《しんせいふ》は、江戸《えど》を東京《とうきょう》と改《あらた》め、新《あたら》しい日本《にほん》の中心《ちゅうしん》にすることにしました。

新政府《しんせいふ》が目指《めざ》したのは、日本《にほん》を、当時《とうじ》のアメリカやヨーロッパ（欧米《おうべい》、西洋《せいよう》）の国々《くにぐに》のような、近代的《きんだいてき》で強《つよ》い国《くに》に生《う》まれ変《か》わらせることでした。そのため、欧米《おうべい》の文化《ぶんか》や政治《せいじ》のしくみなどを積極的《せっきょくてき》にお手本《てほん》にして、さまざまな改革《かいかく》に取《と》り組《く》んでいきました。

政権《せいけん》の交代《こうたい》やこうした改革《かいかく》、それによって起《お》きた社《しゃ》会《かい》の変化《へんか》を、「明治維新《めいじいしん》」といいます。

牛肉《ぎゅうにく》を食《た》べる習慣《しゅうかん》が広《ひろ》まったのも西洋文化《せいようぶんか》を取《と》り入《い》れる改革《かいかく》のひとつね

もの知《し》りコラム

徳川家《とくがわけ》はどうなったの？

政権《せいけん》からはずされた徳川慶喜《とくがわよしのぶ》は、江戸《えど》を離《はな》れて静岡《しずおか》などで暮《く》らしました。31歳《さい》の若《わか》さで将軍《しょうぐん》をやめた慶喜《よしのぶ》は、その後政治《ごせいじ》と関《かか》わることなく、趣味《しゅみ》の写真《しゃしん》や狩《か》り、囲碁《いご》などに没頭《ぼっとう》する日々《ひび》を過《す》ごし、のち東京《とうきょう》に戻《もど》り、77歳《さい》で亡《な》くなりました。静岡《しずおか》では「ケイキ様《さま》」と呼《よ》ばれて親《した》しまれました。

また、徳川家《とくがわけ》は明治時代《めいじじだい》、武家《ぶけ》の名門《めいもん》として、華族《かぞく》と呼《よ》ばれる身分《みぶん》になりました（↓43ページ）。第2次世界大戦《だいじせかいたいせん》後《ご》、華族《かぞく》という身分《みぶん》はなくなりましたが、徳川家《とくがわけ》は今《いま》も続《つづ》いていて、その子孫《しそん》はさまざまな分野《ぶんや》で活躍《かつやく》しています。

慶喜《よしのぶ》が撮影《さつえい》した写真《しゃしん》

「静岡猫ハン写真」茨城県立歴史館蔵

将軍《しょうぐん》をやめて静《しず》かに暮《く》らしていたんだね

2章《しょう》
牛鍋屋《ぎゅうなべや》さんで大活躍《だいかつやく》！

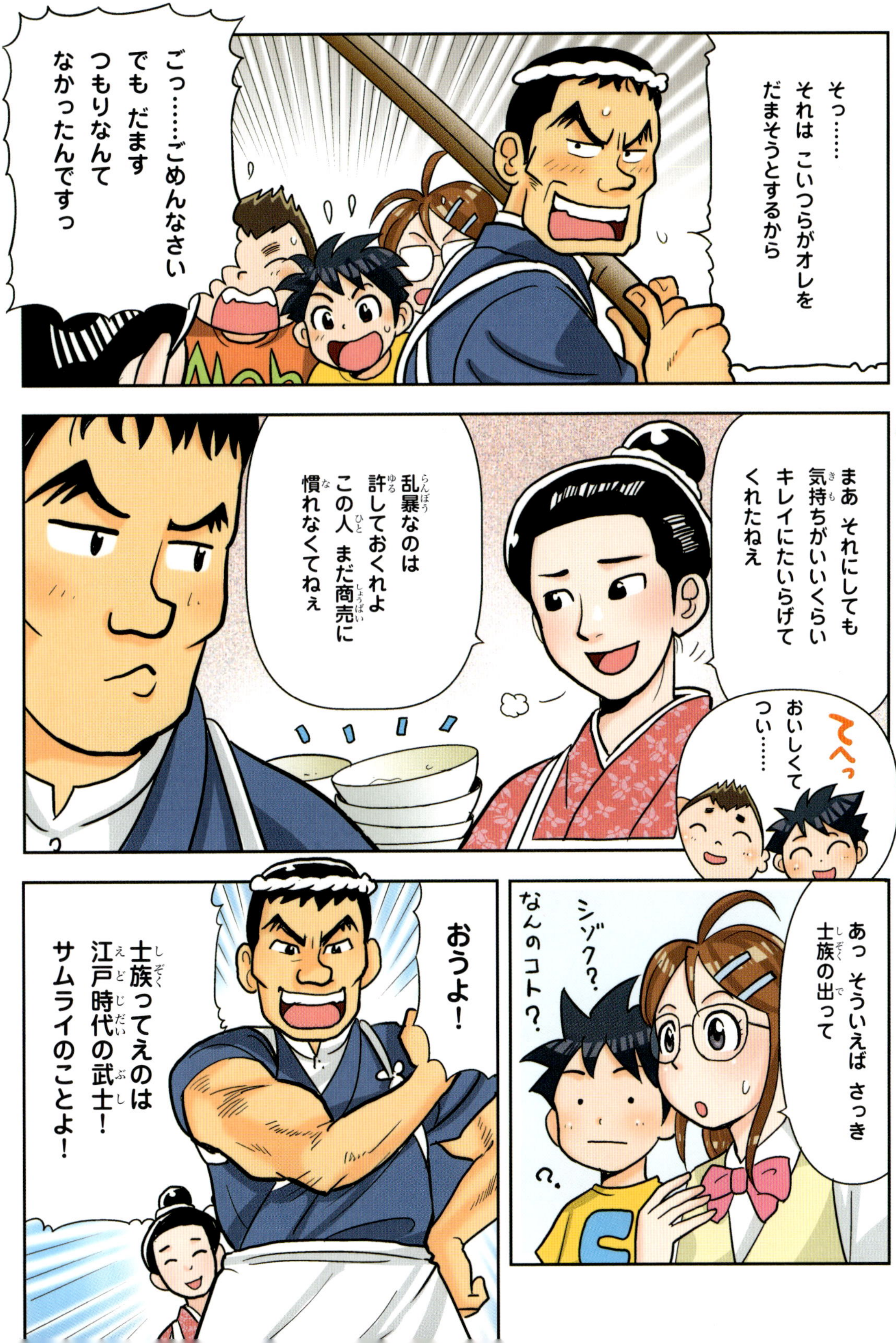
そっ…… それは こいつらがオレを だまそうとするから
ごっ……ごめんなさい でも だます つもりなんて なかったんですっ
ふふっ
まあ それにしても 気持《きも》ちがいいくらい キレイにたいらげて くれたねえ
てへっ
おいしくて つい……
乱暴《らんぼう》なのは 許《ゆる》しておくれよ この人《ひと》 まだ商売《しょうばい》に 慣《な》れなくてねぇ
あっ そういえば さっき 士族《しぞく》の出《で》って
シゾク？ なんのコト？
おうよ！
士族《しぞく》ってえのは 江戸時代《えどじだい》の武士《ぶし》 サムライのことよ！

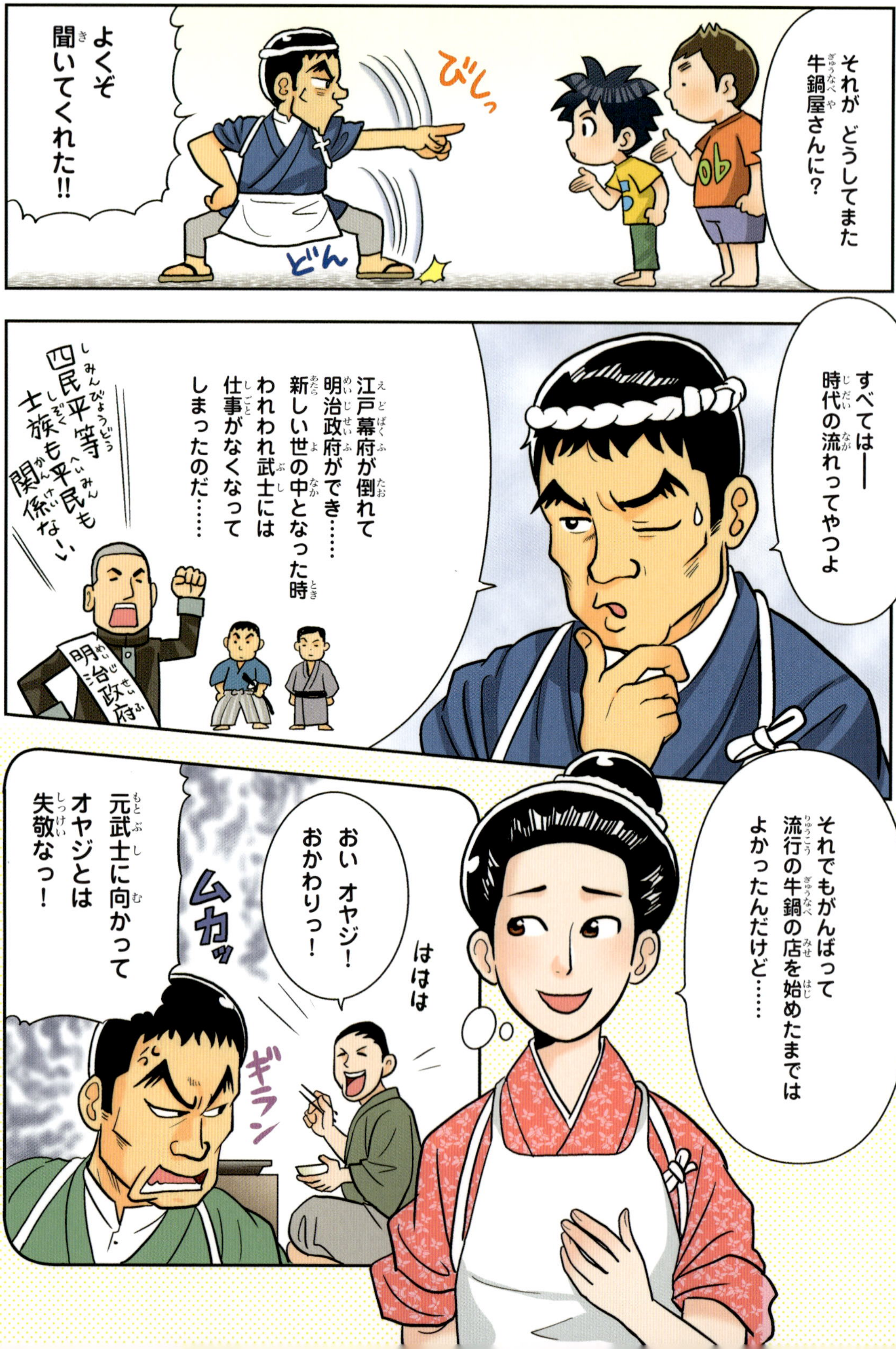
それが どうしてまた 牛鍋屋《ぎゅうなべや》さんに？
びしっ
よくぞ 聞《き》いてくれた!!
どん
すべては―― 時代《じだい》の流《なが》れってやつよ
江戸幕府《えどばくふ》が倒《たお》れて 明治政府《めいじせいふ》ができ…… 新《あたら》しい世《よ》の中《なか》となった時《とき》 われわれ武士《ぶし》には 仕事《しごと》がなくなって しまったのだ……
四民平等《しみんびょうどう》 士族《しぞく》も平民《へいみん》も 関係《かんけい》ないい
明治政府《めいじせいふ》
それでもがんばって 流行《りゅうこう》の牛鍋《ぎゅうなべ》の店《みせ》を始《はじ》めたまでは よかったんだけど……
おい オヤジ！ おかわりっ！
ははは
ムカッ
ギラン
元武士《もとぶし》に向《む》かって オヤジとは 失敬《しっけい》なっ！

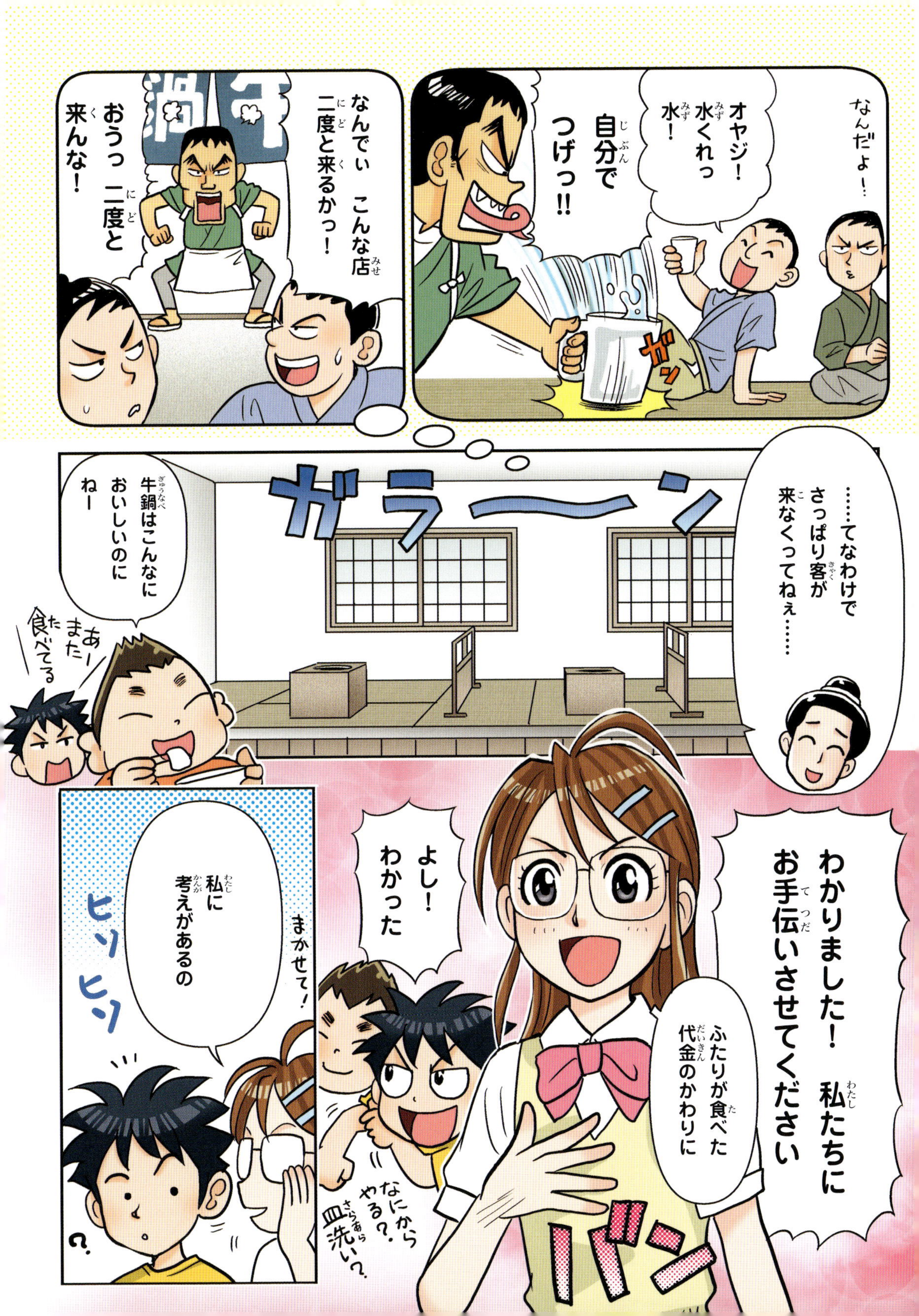
なんだよ！..
オヤジ！水《みず》くれっ 水《みず》！
自分《じぶん》でつげっ!!
ガン
なんでぃ こんな店《みせ》 二度《にど》と来《く》るかっ！
おうっ 二度《にど》と来《く》んな！
……てなわけで さっぱり客《きゃく》が来《こ》なくってねぇ……
ガラーーン
牛鍋《ぎゅうなべ》はこんなにおいしいのにねー
あー また 食《た》べてる
わかりました！ 私《わたし》たちに お手伝《てつだ》いさせてください
ふたりが食《た》べた代金《だいきん》のかわりに
バン
よし！ わかった
なにからやる？ 皿洗《さらあら》い？
まかせて！
私《わたし》に考《かん》えがあるの
ヒソヒソ
?

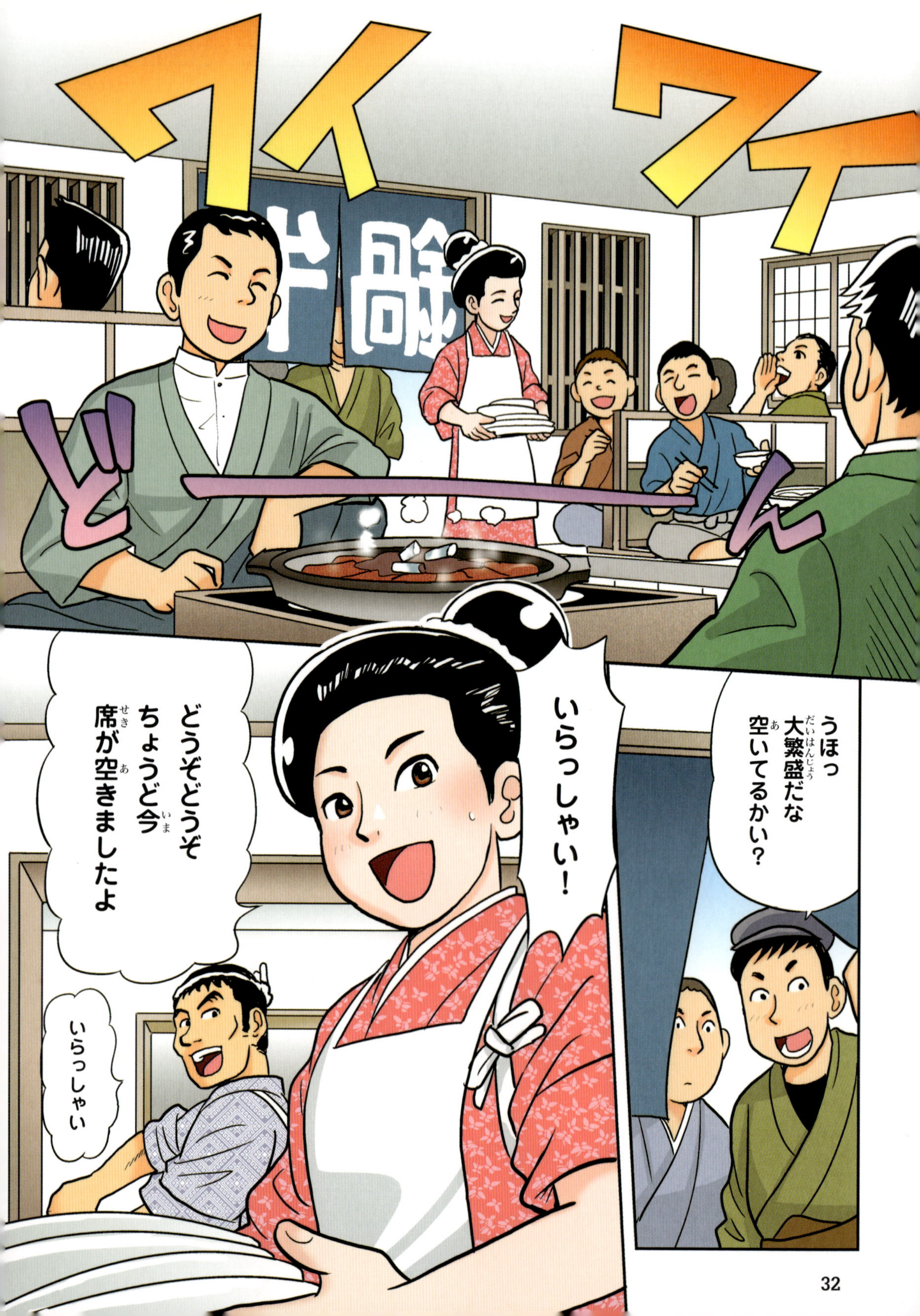
ワイワイ
どーーん
うほっ 大繁盛《だいはんじょう》だな 空《あ》いてるかい?
いらっしゃい!
どうぞどうぞ ちょうど今《いま》 席《せき》が空《あ》きましたよ
いらっしゃい

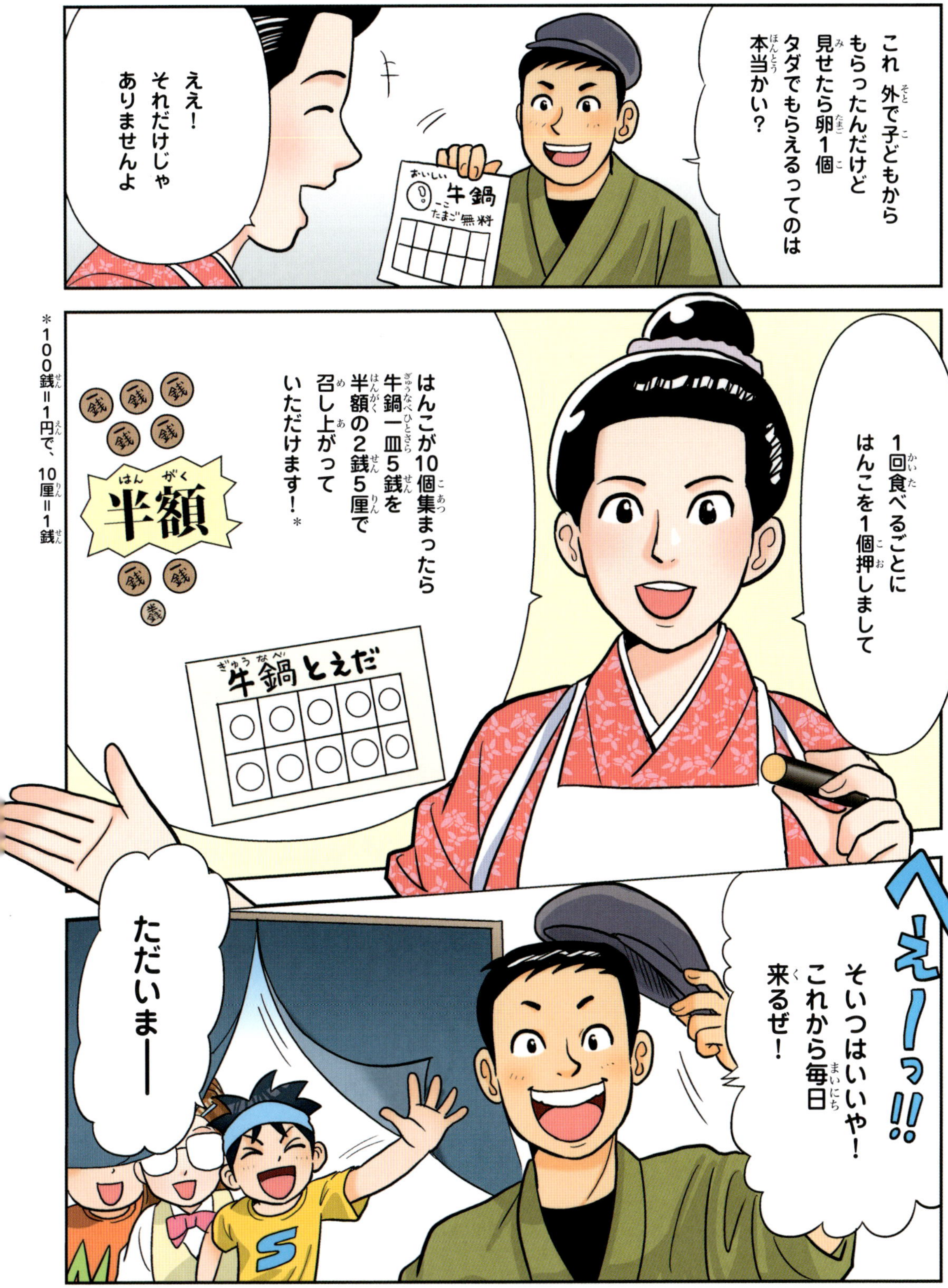

＊100銭《せん》＝1円《えん》で、10厘《りん》＝1銭《せん》

チラシ全部《ぜんぶ》配《くば》り終《お》えたから中《なか》も手伝《てつだ》うね！
おいしい
牛《ぎゅう》鍋《なべ》
たまごが一《いっ》個《こ》もらえます。
ありがとう！お願《ねが》いね おかげで大繁盛《だいはんじょう》よ
お水《みず》飲《の》む？
大《だい》福《ふく》もあるわよ
いやぁ
しかし うまいこと考《かんが》えたもんだな！おぬしらは商売《しょうばい》の天才《てんさい》だ!!
♫大《だい》福《ふく》!?

カッカッカッ
いやいや～
それほどでも
アイデア出《だ》したのは
ユイだけどね
エヘン
そ……そりゃ
そうだけ
ど……
でも ホントにうまいこと
思《おも》いついたもんだぜ～
まず チラシを
配《くば》ってお客《きゃく》さんを
集《あつ》めて……
ポイントを
ためさせて
オトクな特典《とくてん》を
つけるの
オジサンはいつも
ニコニコ!
トイレは
つねにキレイにね
ペラ
ペラ
フン
フン
?
トイレって
なんだ?
商売人《しょうばいにん》
だ……
ワイ
ワイ
スチャ…
……ここが
評判《ひょうばん》の牛鍋《ぎゅうなべ》の店《みせ》か……

いらっしゃいませ！
さあ ノブ！ 食《た》べてないで 働《はたら》くわよ！
わかったよ～
ボクの 大《だい》福《ふく》～ とっといてよ
あと一コ…
Nob
あっ
ガッ
ベちゃ
コケッ
アイタッ！
ゴトッ

大丈夫《だいじょうぶ》？大事《だいじ》な懐中時計《かいちゅうどけい》が落《お》ちたわよっ
気《き》をつけてよもー
はは ゴメンゴメン
スミマセンね～
どうぞこちらへ
……
しっかりしまっておくから
キ
お願《ねが》いよー
あの者《もの》たち……どこかで見《み》たことがあるような……
ほーっ あの坊主《ぼうず》なかなかいいもん持《も》ってるじゃねえか……

へいっ あちらのお客《きゃく》さんにお茶《ちゃ》を出《だ》してくんなっ!
ほいほーい ボクがやるよっ!
たたっ
Nob
くるっ
はーい お茶《ちゃ》 お待《ま》ちど……
どんっ
うっ
おっと ごめんよっ

チョロイ チョロイ
はい お茶《ちゃ》 どうぞー
待《ま》て！
がしっ
おまえ
このぽっちゃりした 坊主《ぼうず》から懐中《かいちゅう》時計《どけい》を 盗《ぬす》んだであろう！

え? いや 時計《とけい》ならココに……
あっ…… ない!
えーっ
ダッ
ちっ
気《き》づかれたか!
あっ 待《ま》て!!
Nob
逃《に》がすかー!!
ビュッ
ぱしゃ
ぎゃっ
鼠

ナイス！
シュン！
どだんっ
……
うへぇ
よーし
もう一発《いっぱつ》……
卵《たまご》
おひとつ
どうぞ
むんずっ
ん？
え!?
ブワッ
なっ？
何《なに》？ 何《なに》？
うわわわわわ

日本社会《にほんしゃかい》の大改革《だいかいかく》

①「藩《はん》」から「府《ふ》」「県《けん》」へ

明治政府《めいじせいふ》は、江戸時代《えどじだい》に各地《かくち》の大名《だいみょう》たちが支配《しはい》していた「藩《はん》」をなくし、政府《せいふ》が全国《ぜんこく》を直接《ちょくせつ》治《おさ》める国《くに》づくりを目指《めざ》しました。

まず、1869（明治《めいじ》2）年《ねん》に各藩《かくはん》の領地《りょうち》と領民《りょうみん》を天皇《てんのう》（政府《せいふ》）に返《かえ》させました。これを「版籍奉還《はんせきほうかん》」といいます。次《つ》いで、1871（明治《めいじ》4）年《ねん》に藩《はん》を廃《はい》止《し》して「県《けん》」を置《お》き、政府《せいふ》から県令《けんれい》（現在《げんざい》の知事《ちじ》）を派遣《はけん》しました。これを「廃藩置県《はいはんちけん》」といいます。

もの知《し》りコラム

「蝦夷地《えぞち》」と「琉球王国《りゅうきゅうおうこく》」から「北海道《ほっかいどう》」と「沖縄県《おきなわけん》」へ

江戸時代《えどじだい》、現在《げんざい》の「北海道《ほっかいどう》」は「蝦夷地《えぞち》」と呼《よ》ばれていました。明治時代《めいじじだい》に北海道《ほっかいどう》となり、1886（明治《めいじ》19）年《ねん》に北《ほっ》海道庁《かいどうちょう》が置《お》かれました。一方《いっぽう》、現在《げんざい》の「沖縄県《おきなわけん》」は江戸時代《えどじだい》まで「琉球王国《りゅうきゅうおうこく》」という国《くに》でした。廃藩置県《はいはんちけん》の翌年《よくねん》、琉球藩《りゅうきゅうはん》が設置《せっち》され、沖縄県《おきなわけん》となったのは1879（明治《めいじ》12）年《ねん》です。

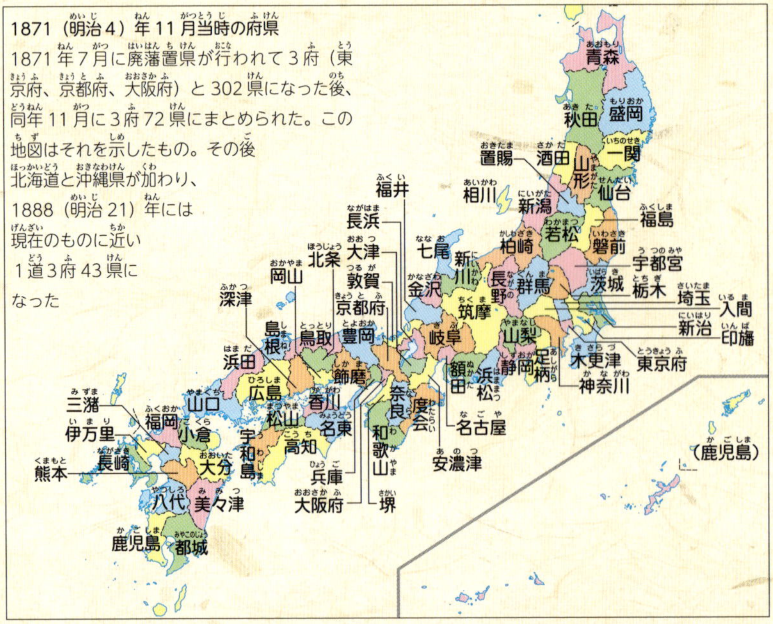
青森《あおもり》
秋田《あきた》
盛岡《もりおか》
置賜《おきたま》
酒田《さかた》
一関《いちのせき》
山形《やまがた》
仙台《せんだい》
福井《ふくい》
相川《あいかわ》
新潟《にいがた》
福島《ふくしま》
長浜《ながはま》
若松《わかまつ》
北条《ほうじょう》
大津《おおつ》
七尾《ななお》
柏崎《かしわざき》
磐前《いわさき》
宇都宮《うつのみや》
岡山《おかやま》
敦賀《つるが》
新川《にいかわ》
長野《ながの》
群馬《ぐんま》
茨城《いばらき》
栃木《とちぎ》
金沢《かなざわ》
深津《ふかつ》
京都府《きょうとふ》
筑摩《ちくま》
埼玉《さいたま》
入間《いるま》
島根《しまね》
鳥取《とっとり》
豊岡《とよおか》
岐阜《ぎふ》
山梨《やまなし》
新治《にいはり》
印旛《いんば》
浜田《はまだ》
飾磨《しかま》
額田《ぬかた》
静岡《しずおか》
足柄《あしがら》
木更津《きさらづ》
東京府《とうきょうふ》
神奈川《かながわ》
広島《ひろしま》
香川《かがわ》
浜松《はままつ》
三潴《みずま》
山口《やまぐち》
奈良《なら》
度会《わたらい》
福岡《ふくおか》
松山《まつやま》
名東《みょうどう》
名古屋《なごや》
伊万里《いまり》
小倉《こくら》
宇和島《うわじま》
高知《こうち》
和歌山《わかやま》
長崎《ながさき》
大分《おおいた》
安濃津《あのつ》
（鹿児島《かごしま》）
熊本《くまもと》
兵庫《ひょうご》
八代《やつしろ》
美々津《みみつ》
大阪府《おおさかふ》
堺《さかい》
鹿児島《かごしま》
都城《みやこのじょう》

1871（明治《めいじ》4）年《ねん》11月当時《がつとうじ》の府県《ふけん》

1871年《ねん》7月《がつ》に廃藩置県《はいはんちけん》が行《おこな》われて3府《ふ》（東京府《とうきょうふ》、京都府《きょうとふ》、大阪府《おおさかふ》）と302県《けん》になった後《のち》、同年《どうねん》11月《がつ》に3府《ふ》72県《けん》にまとめられた。この地図《ちず》はそれを示《しめ》したもの。その後《ご》北海道《ほっかいどう》と沖縄県《おきなわけん》が加《くわ》わり、1888（明治《めいじ》21）年《ねん》には現在《げんざい》のものに近《ちか》い1道《どう》3府《ふ》43県《けん》になった

今《いま》の都道府県名《とどうふけんめい》と
同《おな》じものも
あるわね

② 古《ふる》い身分制度《みぶんせいど》を廃止《はいし》

江戸時代《えどじだい》には、武士《ぶし》を上位《じょうい》とし、百姓《ひゃくしょう》や町人《ちょうにん》を下位《かい》とする厳《きび》しい身分制度《みぶんせいど》がありました。

明治政府《めいじせいふ》はこれを改《あらた》め、＊皇族以外《こうぞくいがい》はすべて平等《びょうどう》であるとしました。身分《みぶん》に関係《かんけい》なくだれとでも結婚《けっこん》できるようになり、職業選択《しょくぎょうせんたく》の自由《じゆう》も認《みと》められました。だれもが名字《みょうじ》を名乗《なの》るようになったのもこの時《とき》からです。こうした政策《せいさく》を「四民平等《しみんびょうどう》」といいます。

＊明治政府《めいじせいふ》は天皇《てんのう》の一族《いちぞく》は皇族《こうぞく》、もとの公家《くげ》・大名《だいみょう》は華族《かぞく》、武士《ぶし》などは士族《しぞく》、それ以外《いがい》の人《ひと》は平民《へいみん》とした

もの知《し》りコラム

「解放令《かいほうれい》」は出《だ》されたけれど……
根強《ねづよ》く続《つづ》いた差別《さべつ》

江戸時代《えどじだい》には、「えた」「ひにん」という身分制度《みぶんせいど》の外《そと》に置《お》かれた人々《ひとびと》がいて、厳《きび》しい差別《さべつ》を受《う》けていました。

明治政府《めいじせいふ》は1871（明治《めいじ》4）年《ねん》に、こうした呼《よ》び名《な》を廃止《はいし》し、身分《みぶん》も職業《しょくぎょう》も平民《へいみん》と同《おな》じにしました。いわゆる「解放令《かいほうれい》」です。しかし、多《おお》くの面《めん》で差別《さべつ》が続《つづ》いたため、差別《さべつ》からの解放《かいほう》と生活《せいかつ》の向上《こうじょう》を求《もと》める運動《うんどう》が起《お》こりました。

もの知《し》りコラム

アメリカやヨーロッパとの国力《こくりょく》の差《さ》を実感《じっかん》
世界《せかい》を見《み》てきた岩倉使節団《いわくらしせつだん》

1871（明治《めいじ》4）年《ねん》、岩倉具視《いわくらともみ》を特命全権大使《とくめいぜんけんたいし》とする、木戸孝允《きどたかよし》（桂小五郎《かつらこごろう》）、大久保利通《おおくぼとしみち》、伊藤博文《いとうひろぶみ》らの使節《しせつ》がアメリカとヨーロッパに派遣《はけん》されました。この時《とき》にアメリカやヨーロッパの国々《くにぐに》の進《すす》んだ議会《ぎかい》や工場《こうじょう》、病院《びょういん》などの様子《ようす》を見《み》て、日本《にほん》との差《さ》を実感《じっかん》したことが、帰国後《きこくご》に国内《こくない》の改革《かいかく》を進《すす》めるきっかけとなりました。

明治時代《めいじじだい》のキーパーソン 1

岩倉使節団《いわくらしせつだん》の特命全権大使《とくめいぜんけんたいし》

岩倉具視《いわくらともみ》

★生没年《せいぼつねん》 1825～1883年《ねん》

江戸《えど》、明治時代《めいじじだい》の公家《くげ》・政治家《せいじか》。江戸幕府《えどばくふ》を倒《たお》すのに貢献《こうけん》し、明治政府《めいじせいふ》でも岩倉使節団《いわくらしせつだん》を率《ひき》いるなど、力《ちから》を発揮《はっき》した。

国立国会図書館ＨＰから

3章《しょう》

時計泥棒《とけいどろぼう》を追《お》え！

ドーーン
食《た》べ物《もの》を粗末《そまつ》にしちゃダメ！
今《いま》のセリフ……どこかで聞《き》いた気《き》が……

Nob
や…やられた……
こっ……このニオイもどこかで……
イオウのカオリ…

おまえ！ノブだな!?
え？..
オッサン ノブのこと 知《し》ってんの？
シュンと
ユイ！
え？ オレたちのことも？
なに オレたち 有名人《ゆうめいじん》？
ハッ！
もしかして あなたは——…

テル!?
テルについてもっと知《し》りたい人《ひと》は「幕末《ばくまつ》のサバイバル」を読《よ》んでね！
あら～
すっかりオッサンになっちゃって……
シュンったら…
当《あ》たり前《まえ》だ！あれから20年《ねん》ほどたったのだぞ！

20年《ねん》!?
そうか!
前《まえ》に テルに会《あ》ったのは 私《わたし》たちが最初《さいしょ》に タイムスリップした 江戸《えど》時代《じだい》の終《お》わり頃《ごろ》……
じゃあ今《いま》は それから 20年《ねん》ぐらい後《あと》の 明治《めいじ》時代《じだい》半《なか》ばなのね!
そ〜〜っ
そういえば
んー? 20年《ねん》もたつのに おまえたちはちっとも 大《おお》きくなってないな
そ…… それは
ははは
まあ いいか あの頃《ころ》もおまえたちは ふしぎな子《こ》どもだったからな! また会《あ》えてうれしいぜ
ボクも
オレも うれしいぜ
待《ま》ちな! コソドロめ!
ダッ

スカッ
おっと
あぶねえ
ふりっ
牛鍋食《ぎゅうなべく》って
懐中時計《かいちゅうどけい》のお土産《みやげ》も
ちょうだいして……
今日《きょう》はいい日《ひ》だぜ
ぺん ぺん
あばよっ
ヒャッホー
タンッ
わー 食《く》い逃《に》げだー!!
しまった
待《ま》て!!
Nob
S

牛鍋
どこだ!?
ちぐじょー 逃《に》げられた〜
これ……
手配書 鼠小僧 三世
あいつ じゃない?

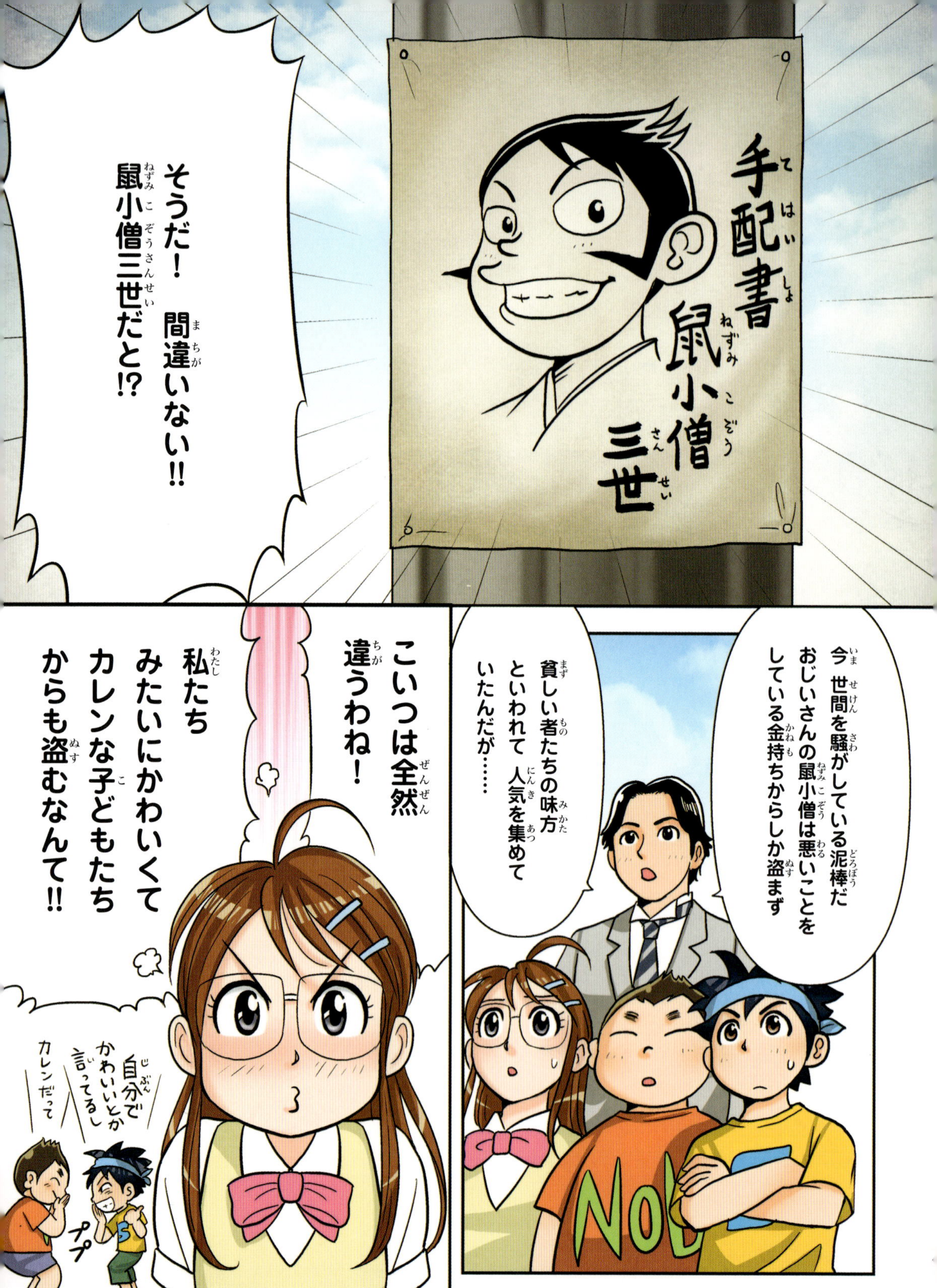
手配書《てはいしょ》
鼠小僧《ねずみこぞう》
三世《さんせい》
そうだ！ 間違《まちが》いない!!
鼠小僧三世《ねずみこぞうさんせい》だと!?
今《いま》 世間《せけん》を騒《さわ》がしている泥棒《どろぼう》だ
おじいさんの鼠小僧《ねずみこぞう》は悪《わる》いことを
している金持《かねも》ちからしか盗《ぬす》まず
貧《まず》しい者《もの》たちの味方《みかた》
といわれて 人気《にんき》を集《あつ》めて
いたんだが……
こいつは全然《ぜんぜん》
違《ちが》うわね！
私《わたし》たち
みたいにかわいくて
カレンな子《こ》どもたち
からも盗《ぬす》むなんて!!
自分《じぶん》で
かわいいとか
言《い》ってるし
カレンだって
ププ

ともかく！
鼠《ねずみ》小《こ》僧《ぞう》三《さん》世《せい》を見《み》つけないと!!
そうだよなっ！
卵代《たまごだい》べんしょう
してもらわない
となっ！
うん
ってゆーか！
懐中《かいちゅう》時計《どけい》を取《と》り戻《もど》さ
ないと 元《もと》の世界《せかい》に
帰《かえ》れないでしょ!?
わかってんの？
アンタたち！
わ…
わかってる
わかってる…
だよねー…
店《みせ》にこんなものが
落《お》ちていたが
……
さっきのやつが
落《お》としたもの
みたいだぞ

これは──
東京《とうきょう》・新橋《しんばし》から神奈川《かながわ》・横浜《よこはま》までの鉄道《てつどう》の切符《きっぷ》だ！
まぁ
きっと まだ落《お》としたことに気《き》づいてないわよ
この時代《じだい》の鉄道《てつどう》の切符《きっぷ》ってすごく高《たか》いのよ
うん
……ということは──

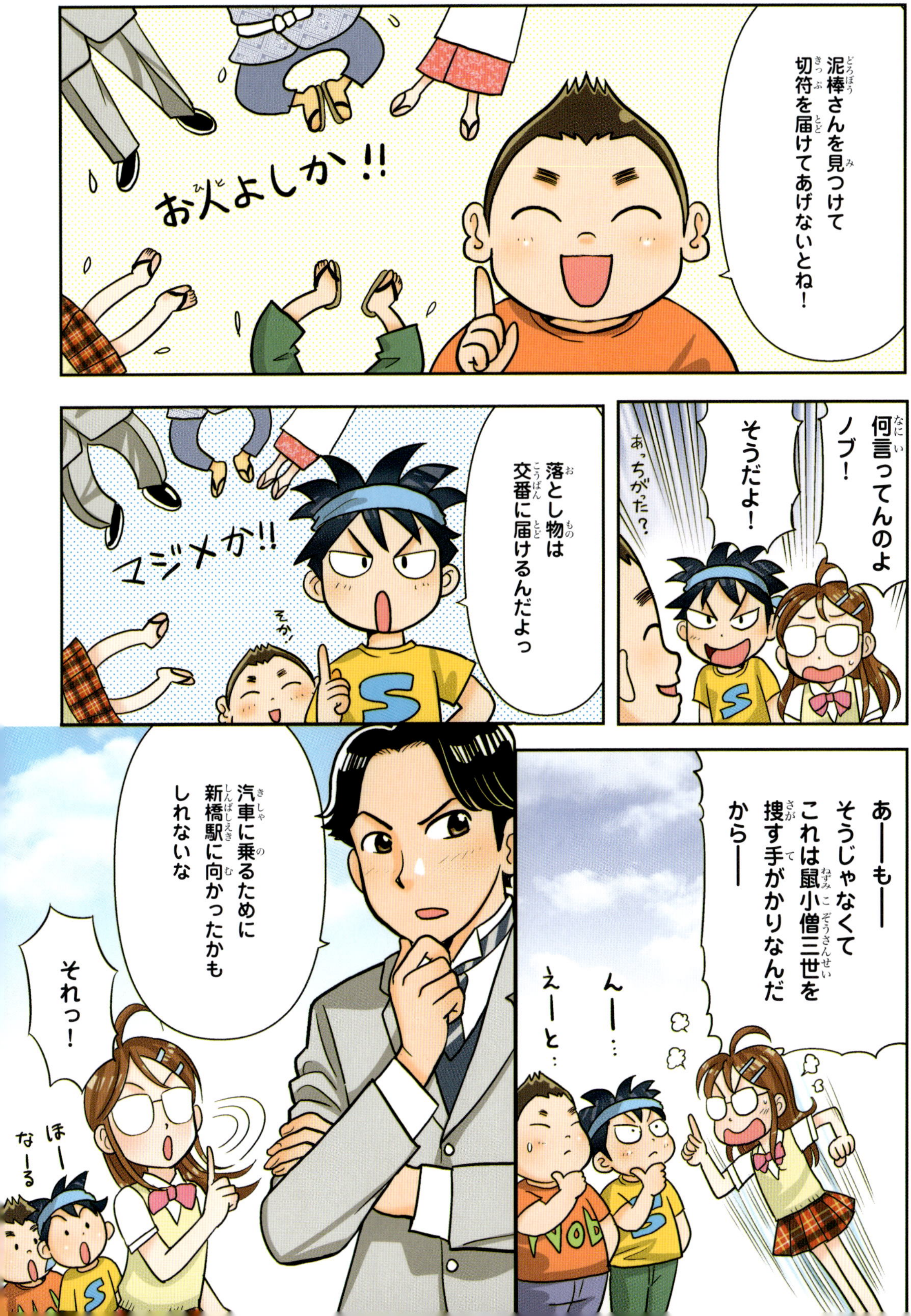
泥棒《どろぼう》さんを見《み》つけて
切符《きっぷ》を届《とど》けてあげないとね!
お人《ひと》よしか!!
何《なに》言《い》ってんのよ
ノブ!
そうだよ!
あっちがった?
落《お》とし物《もの》は
交番《こうばん》に届《とど》けるんだよっ
マジメか!!
そか!
あーもー
そうじゃなくて
これは鼠《ねずみ》小《こ》僧三世《ぞうさんせい》を
捜《さが》す手《て》がかりなんだ
から一
んー…
えーと…
汽車《きしゃ》に乗《の》るために
新橋駅《しんばしえき》に向《む》かったかも
しれないいな
それっ!
ほー
なーる

じゃ 早《はや》く新橋駅《しんばしえき》に行《い》こうぜ!!
でも もう追《お》いつかないいんじゃあ……
大丈夫《だいじょうぶ》! 次《つぎ》の汽車《きしゃ》まで まだ30分《ぶん》ある!
よし!
ダッ
待《ま》て! シュン
なんだよぅ 早《はや》くしないとにげられちゃうょ
アレに乗《の》ろう

何これ!? かっけぇぇ
ウヒョー
新橋行《しんばしい》きの鉄道馬車《てつどうばしゃ》だ
急《いそ》ぎましょ
待《ま》ってろ!! 鼠小僧《ねずみこぞう》!!
パカッ パカッ パカッ
―って, 遅《おそ》っ!!
はやっ

「文明開化《ぶんめいかいか》」の花《はな》が咲《さ》いた！

① 近代化《きんだいか》による生活《せいかつ》の変化《へんか》

明治政府《めいじせいふ》の近代化《きんだいか》を目指《めざ》した政策《せいさく》により、アメリカやヨーロッパの国々《くにぐに》の文化《ぶんか》が盛《さか》んに取《と》り入《い》れられ、これまでの生活《せいかつ》が変《か》わり始《はじ》めました。これを「文明開化《ぶんめいかいか》」といいます。

街《まち》では役所《やくしょ》や学校《がっこう》などに洋風《ようふう》の建築《けんちく》が増《ふ》え、石油《せきゆ》ランプやガス灯《とう》がつけられ、人力車《じんりきしゃ》や馬車《ばしゃ》が走《はし》りました。また、洋服《ようふく》やコート、帽子《ぼうし》が流行《りゅうこう》し、牛肉《ぎゅうにく》を食《た》べるようになりました。

明治時代《めいじじだい》のキーパーソン 2

『学問《がくもん》のすゝ《(す)》め』がベストセラーに

福沢諭吉《ふくざわゆきち》

★生没年《せいぼつねん》 1835～1901年《ねん》
江戸《えど》、明治時代《めいじじだい》の思想家《しそうか》・教育者《きょういくしゃ》。「天《てん》は人《ひと》の上《うえ》に人《ひと》を造《つく》らず……」で有名《ゆうめい》な『学問《がくもん》のすゝ《(す)》め』はベストセラーに。慶應義塾大学《けいおうぎじゅくだいがく》の創設者《そうせつしゃ》。

国立国会図書館ＨＰから

もの知《し》りコラム

だれでも教育《きょういく》が受《う》けられる！
小学校《しょうがっこう》の始《はじ》まり

明治政府《めいじせいふ》は、近代化《きんだいか》を進《すす》めるためには人々《ひとびと》に学問《がくもん》を身《み》につけさせることが必要《ひつよう》だと考《かんが》え、1872（明治《めいじ》5）年《ねん》、「学制《がくせい》」を公布《こうふ》して、6歳以上《さいいじょう》の男女《だんじょ》が身分《みぶん》に関係《かんけい》なく学校《がっこう》に通《かよ》い、学問《がくもん》を受《う》けることを定《さだ》めました。これにより、全国《ぜんこく》に小学校《しょうがっこう》がつくられました。

学校《がっこう》の建設費《けんせつひ》や授業料《じゅぎょうりょう》は地元《じもと》の人々《ひとびと》が払《はら》わないといけなかったため、最初《さいしょ》は入学《にゅうがく》する生徒《せいと》はあまり多《おお》くありませんでした。しかし、明治時代末《めいじじだいすえ》には9割以上《わりいじょう》の子《こ》どもたちが小学校《しょうがっこう》に通《かよ》うようになりました。

小學入門教授圖解 第一

明治時代初期《めいじじだいしょき》の小学校《しょうがっこう》の授業風景《じゅぎょうふうけい》

生徒《せいと》が先生《せんせい》のほうを向《む》いて並《なら》んで座《すわ》る授業《じゅぎょう》スタイルは、ヨーロッパのやり方《かた》を取《と》り入《い》れて、明治時代初期《めいじじだいしょき》に始《はじ》まった。教科書《きょうかしょ》でなく掛《か》け図《ず》を使《つか》っているのも特徴《とくちょう》だ

玉川大学教育博物館蔵

日本最初《にほんさいしょ》の西洋式《せいようしき》ホテル「築地《つきじ》ホテル館《かん》」を描《えが》いた錦絵《にしきえ》

馬車《ばしゃ》、ガス灯《とう》など、新《あたら》しい文化《ぶんか》が流行《りゅうこう》している様子《ようす》がうかがえる。和服《わふく》やマゲ姿《すがた》の人《ひと》もいれば、洋装《ようそう》の人《ひと》もいる。ホテルの中《なか》ではフランス料理《りょうり》がいち早《はや》く提供《ていきょう》されていた

国立国会図書館ＨＰから

この建物《たてもの》の中《なか》で
フランス料理《りょうり》が
食《た》べられるのね！
どんなメニューが
あったのかな？

4章《しょう》 鉄道《てつどう》で大捕物《おおとりもの》

鉄道馬車《てつどうばしゃ》ってレールの上《うえ》を走《はし》るのね

カパッ
カパッ
幕末《ばくまつ》の頃《ころ》とは街《まち》の景色《けしき》がずいぶん違《ちが》うわね
明治時代《めいじじだい》になって西洋《せいよう》の文明《ぶんめい》がどんどん入《はい》ってきたからな
カパ
あ！自転車《じてんしゃ》だ
そういえば テルも前《まえ》は着物《きもの》を着《き》てたのに今《いま》は洋服《ようふく》だなっ

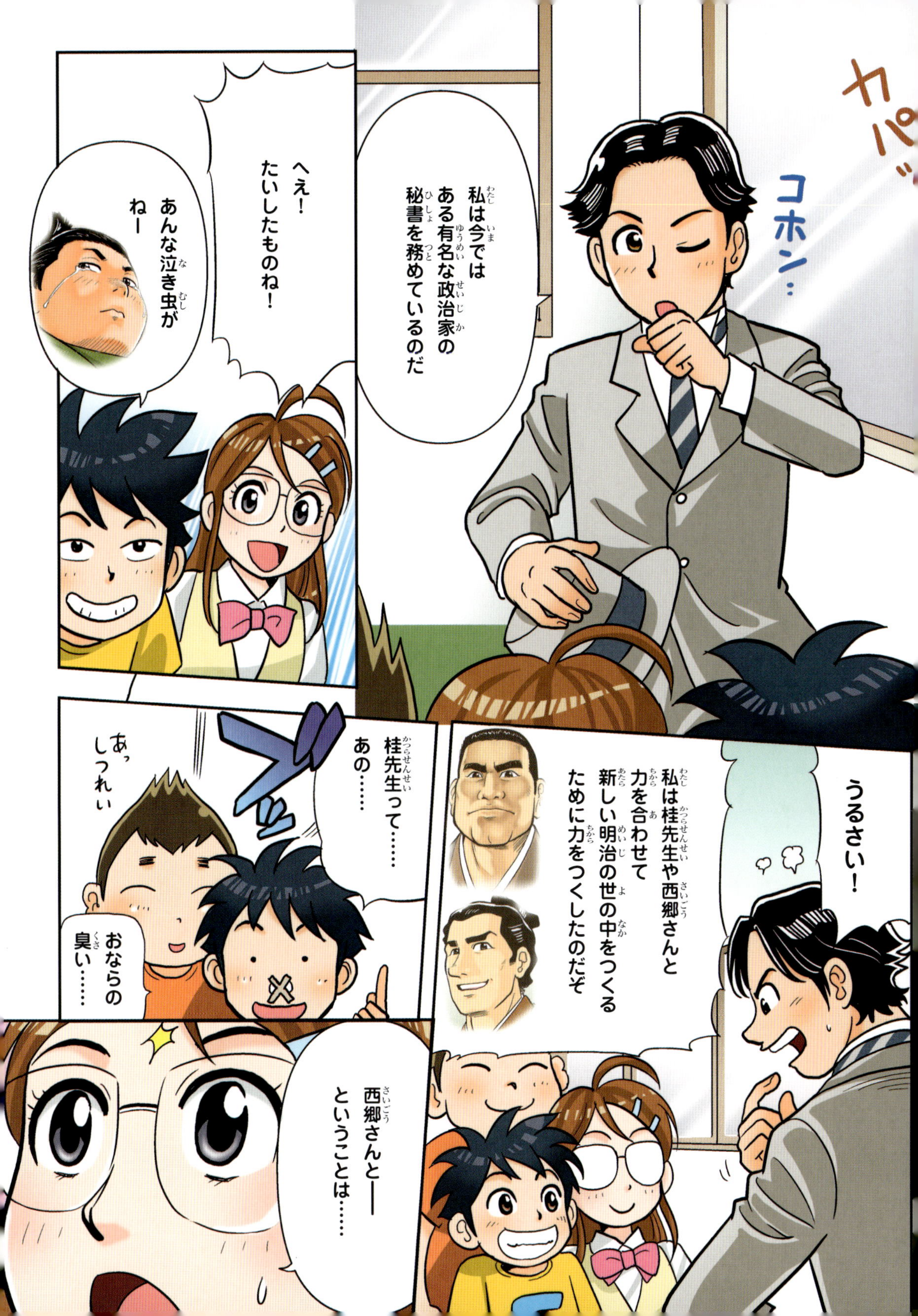
カパッ
コホン…
私《わたし》は今《いま》ではある有名《ゆうめい》な政治家《せいじか》の秘書《ひしょ》を務《つと》めているのだ
へえ！たいしたものね！
あんな泣《な》き虫《むし》がねー
うるさい！
私《わたし》は桂先生《かつらせんせい》や西郷《さいごう》さんと力《ちから》を合《あ》わせて新《あたら》しい明治《めいじ》の世《よ》の中《なか》をつくるために力《ちから》をつくしたのだぞ
桂先生《かつらせんせい》って……あの……
あっしつれい
おならの臭《くさ》い……
西郷《さいごう》さんと――ということは……

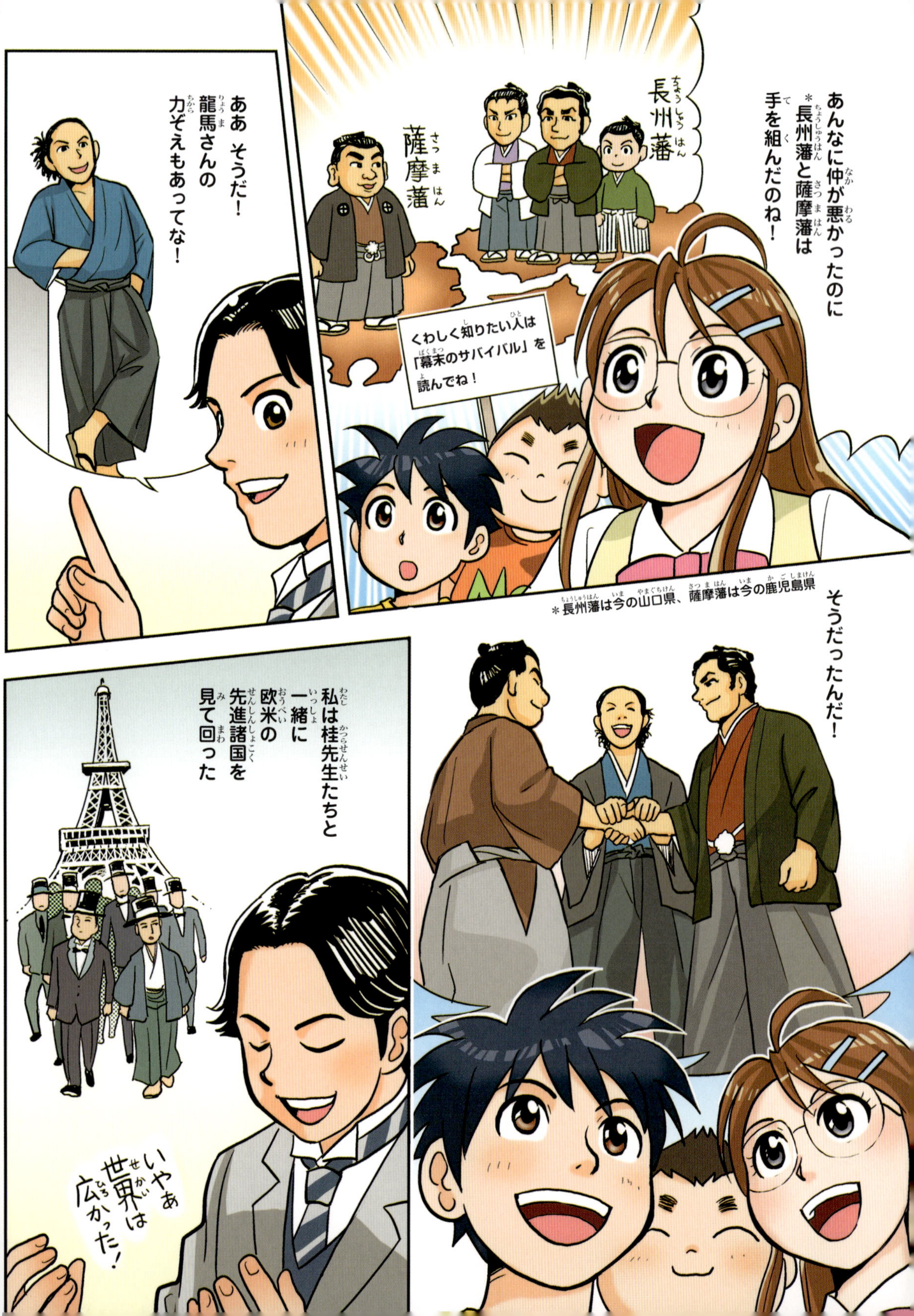
あんなに仲《なか》が悪《わる》かったのに
＊長州藩《ちょうしゅうはん》と薩摩藩《さつまはん》は
手《て》を組《く》んだのね！
長州藩《ちょうしゅうはん》
薩摩藩《さつまはん》
くわしく知《し》りたい人《ひと》は「幕末《ばくまつ》のサバイバル」を読《よ》んでね！
ああ　そうだ！
龍馬《りょうま》さんの
力《ちから》ぞえもあってな！
＊長州藩《ちょうしゅうはん》は今《いま》の山口県《やまぐちけん》、薩摩藩《さつまはん》は今《いま》の鹿児島県《かごしまけん》
そうだったんだ！
私《わたし》は桂先生《かつらせんせい》たちと
一緒《いっしょ》に
欧米《おうべい》の
先進諸国《せんしんしょこく》を
見《み》て回《まわ》った
いやぁ
世界《せかい》は
広《ひろ》かった！

そして そこで学《まな》んだことを
生《い》かして
新《あたら》しい日本《にほん》の国《くに》づくりに
取《と》り組《く》んでいるのだ!
あんな
泣《な》き虫《むし》が
桂先生《かつらせんせい》も高杉先生《たかすぎせんせい》も
西郷《さいごう》さんも龍馬《りょうま》さんも……
もう亡《な》くなって
しまったけどね
しかし!
そうだったのね……
私《わたし》は桂先生《かつらせんせい》たちの
思《おも》いを受《う》け継《つ》いで
日本《にほん》をさらに
いい国《くに》にするために
今《いま》とても大切《たいせつ》な……
パカラッ
ヒヒーン
おっ 着《つ》いた
みたいだぜ
話《はなし》はまた
後《あと》でね
カパラ
カパラ

ワイ ワイ
わあ
人《ひと》がいっぱい!
どうやって捜《さが》せばいいの!?
エッホ エッホ
シュン!?
Nob

あっ いたぁ!!
ゲッ

待《ま》てっ
ダッ
ちっ しまった
えー べんと～ べんと～
おにぎりも あるよ～
どけいっ
ダッ
がんっ
あっ
ああっ 弁当《べんとう》が！
はしっ

ありがとう お礼《れい》に 1つどうぞ
ありがと! うまいっ!
ひとつよ!
まてぇ!!
ぴょん
あっ コラ
うるせー
ばっ
あっあっ おいっ
待《ま》てぇ
ダダ
ダダダダダ
ゴメンナサイ 後《あと》で!
スマンな! 後《あと》で払《はら》うから
テル様《さま》! しっ……失礼《しつれい》しました
どうぞ!

ばっ
逃《に》がさないぞ！鼠《ねずみ》小《こ》僧《ぞう》!!
ちっ しつこい坊《ぼう》主《ず》だなっ
ピーーッ
発車《はっしゃ》しまーす
シュー
シュッ
シュ
ガタン
ガターン
ゴトン
仕《し》方《かた》ねぇ
ガトトン
ガトン
バッ
あばよっ
逃《に》がすかーっ
がばっ

ガタン
わーバカバカ あぶねえーつぅの! 離《はな》せーーっ!!
離《はな》すもんかっっ
ゴトン
ガタン
シュシュシュ
トンネルだ
ガタン
ゴトン
シュシュシュ
抜《ぬ》けたっ
ゴトン
ケホ
ケホ
ゴトン
そーかい そういう 覚悟《かくご》なら ……
タンッ
あっ
ずるっ
おまえも一緒《いっしょ》に落《お》ちるかい!?
シュン!!

すぽっ
ノブ頼《たの》んだぞっ
ふぬううう

ど
だだ
たあぁ
覚《おぼ》えてろ！
ゴトン ゴトン
くっそー 逃《に》げられたっ
あとちょっと だったのに〜
待《ま》てー 鼠小僧《ねずみこぞう》〜!!
がばっ
あっ
まって!!
シュン！ あぶないぞっ

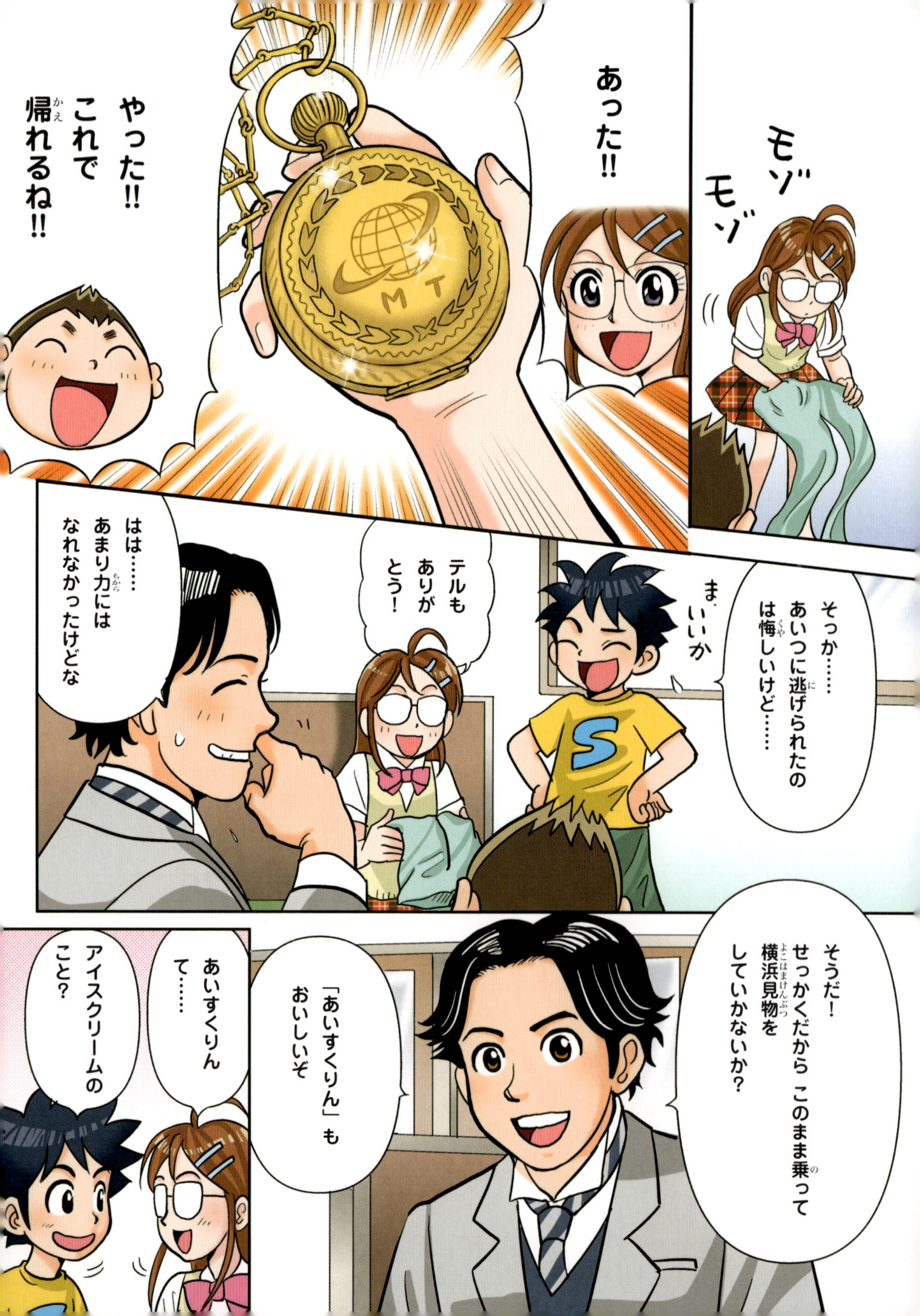
モゾ モゾ
あった!!
やった!! これで帰《かえ》れるね!!
そっか…… あいつに逃《に》げられたのは悔《くや》しいけど……
ま、いいか
テルもありがとう!
はは…… あまり力《ちから》にはなれなかったけどな
そうだ! せっかくだから このまま乗《の》って横浜見物《よこはまけんぶつ》をしていかないか?
「あいすくりん」も おいしいぞ
あいすくりんて……
アイスクリームのこと?

もちろん
行《い》くよっ!!
――横浜《よこはま》・馬車道通《ばしゃみちどお》り
うま――っ
東京《とうきょう》に戻《もど》る前《まえ》に
ちょっと寄《よ》り道《みち》をしよう
おまえたちをスゴイ人《ひと》に
会《あ》わせてやるよ
スゴイ人《ひと》?
だれ?

「富国強兵《ふこくきょうへい》」で欧米《おうべい》に追《お》いつけ！

①「殖産興業《しょくさんこうぎょう》」で産業育成《さんぎょういくせい》

明治政府《めいじせいふ》は、アメリカやヨーロッパの国々《くにぐに》に対抗《たいこう》するため、国《くに》を豊《ゆた》かにし、軍隊《ぐんたい》を強《つよ》くすることを目指《めざ》しました。これを「富国強兵《ふこくきょうへい》」といいます。

国《くに》を豊《ゆた》かにするための政策《せいさく》のひとつが、国内《こくない》に近《きん》代産業《だいさんぎょう》を興《おこ》して育《そだ》てる「殖産興業《しょくさんこうぎょう》」です。富岡製糸《とみおかせいし》場《じょう》（群馬県《ぐんまけん》）などの工場《こうじょう》を国《くに》の費用《ひよう》でつくったり、博《はく》覧会《らんかい》を開《ひら》いたりして、新技術《しんぎじゅつ》の開発《かいはつ》や普及《ふきゅう》をはかり、近代産業《きんだいさんぎょう》を育《そだ》てていきました。

明治時代《めいじじだい》のキーパーソン 3

富岡製糸場《とみおかせいしじょう》の建設《けんせつ》を指揮《しき》した

渋沢栄一《しぶさわえいいち》

★生没年《せいぼつねん》 1840 ～ 1931 年《ねん》

明治政府《めいじせいふ》の役人《やくにん》として富岡製糸場《とみおかせいしじょう》の建設《けんせつ》などに取《と》り組《く》み、退職後《たいしょくご》は多《おお》くの企業《きぎょう》をつくって近代産業《きんだいさんぎょう》を育《そだ》てた。

国立国会図書館ＨＰから

写真：朝日新聞社

富岡製糸場《とみおかせいしじょう》

1872（明治《めいじ》５）年《ねん》、群馬県《ぐんまけん》の富岡《とみおか》に明治政府《めいじせいふ》によってつくられた官営模範工場《かんえいもはんこうじょう》。当時《とうじ》、生糸《きいと》は日本《にほん》の重要《じゅうよう》な輸出品《ゆしゅつひん》で、最新《さいしん》の大規模工場《だいきぼこうじょう》の建設《けんせつ》によって品質《ひんしつ》と生産力《せいさんりょく》が向上《こうじょう》した。当時《とうじ》の工場《こうじょう》の姿《すがた》は今《いま》も保存《ほぞん》され、世界文化遺産《せかいぶんかいさん》に登録《とうろく》されている

富岡製糸場《とみおかせいしじょう》を描《えが》いた錦絵《にしきえ》　国立国会図書館ＨＰから

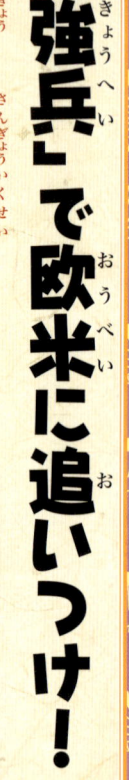

② 国民《こくみん》から兵士《へいし》を集《あつ》める「徴兵令《ちょうへいれい》」

江戸時代《えどじだい》、鉄砲《てっぽう》や刀《かたな》を持《も》って戦《たたか》うのは武士《ぶし》の仕事《しごと》でした。しかし、明治政府《めいじせいふ》は武士《ぶし》に頼《たよ》らず、欧米諸国《おうべいしょこく》にならい、近代的《きんだいてき》な軍隊《ぐんたい》をつくろうと考《かんが》えました。

そこで、1873（明治《めいじ》6）年《ねん》、「徴兵令《ちょうへいれい》」を出《だ》して、全国《ぜんこく》から20歳《さい》以上《いじょう》の男子《だんし》を兵士《へいし》として集《あつ》め、軍隊《ぐんたい》をつくりました。

男《おとこ》の人《ひと》はみんな
兵士《へいし》になる検査《けんさ》
を受《う》けたんだな

もの知《し》りコラム

「地租改正《ちそかいせい》」で 国《くに》に納《おさ》めるのは米《こめ》から現金《げんきん》に！

江戸時代《えどじだい》までの税《ぜい》は、その年《とし》の収穫高《しゅうかくだか》に応《おう》じて主《おも》に米《こめ》で納《おさ》めていました。しかし、明治政府《めいじせいふ》は、国《くに》の収入《しゅうにゅう》を安定《あんてい》させるために、毎年《まいとし》、土地《とち》に対《たい》して決《き》まった額《がく》を現金《げんきん》で納《おさ》めさせることにしました。この税制改革《ぜいせいかいかく》を「地租改正《ちそかいせい》」といいます。

しかし、税《ぜい》の重《おも》さは江戸時代《えどじだい》と変《か》わらないうえ、不作《ふさく》でも同《おな》じ金額《きんがく》の税《ぜい》を納《おさ》めなければならないため、不満《ふまん》を持《も》った農民《のうみん》の一揆《いっき》が各地《かくち》で発生《はっせい》しました。

もの知《し》りコラム

交通《こうつう》・通信《つうしん》の発達《はったつ》 鉄道《てつどう》、郵便《ゆうびん》の始《はじ》まり

経済《けいざい》の発展《はってん》に欠《か》かせない交通《こうつう》・通信部門《つうしんぶもん》の整備《せいび》も進《すす》められました。鉄道《てつどう》の開業《かいぎょう》、汽船《きせん》の運航《うんこう》が始《はじ》まり、郵便制度《ゆうびんせいど》が整《ととの》えられました。

1号機関車《ごうきかんしゃ》

イギリスから輸入《ゆにゅう》された日本初《にほんはつ》の蒸気機関車《じょうききかんしゃ》。1872（明治《めいじ》5）年《ねん》、新橋《しんばし》～横浜間《よこはまかん》で開業《かいぎょう》した日本初《にほんはつ》の鉄道《てつどう》で走《はし》った

鉄道博物館蔵

郵便箱

黒塗柱箱《くろぬりはしらばこ》

1872（明治《めいじ》5）年《ねん》から設置《せっち》された黒《くろ》ポスト。赤《あか》くて丸《まる》いポストは1901（明治《めいじ》34）年《ねん》から

郵政博物館蔵

5章《しょう》 総理大臣《そうりだいじん》に会《あ》っちゃった！

憲《けん》法《ぽう》

横浜《よこはま》・旅館《りょかん》「東屋《あずまや》」
スゴイ人《ひと》って ここにいるの？
そうだ
ドカツカ
ちょっと ノブ！ ダメよ 勝手《かって》に入《はい》っちゃ……
ははーん
どこかに うまいもんがあるんだな？
あの足《あし》どり…

トタタタタタ
♪
はっ 速《はや》いわ
食《た》べ物《もの》を追《お》う時《とき》のノブはスゲーぜ
ピタッ
くんくん
ここか!? この部屋《へや》か!? うまいもんは?
スーッ
この若造《わかぞう》が!
ヒューン
ポムッ
ふがっ
サッ
総理《そうり》! ものを投《な》げちゃいけないよ!
落《お》ち着《つ》いて!
え?
総理《そうり》……!?

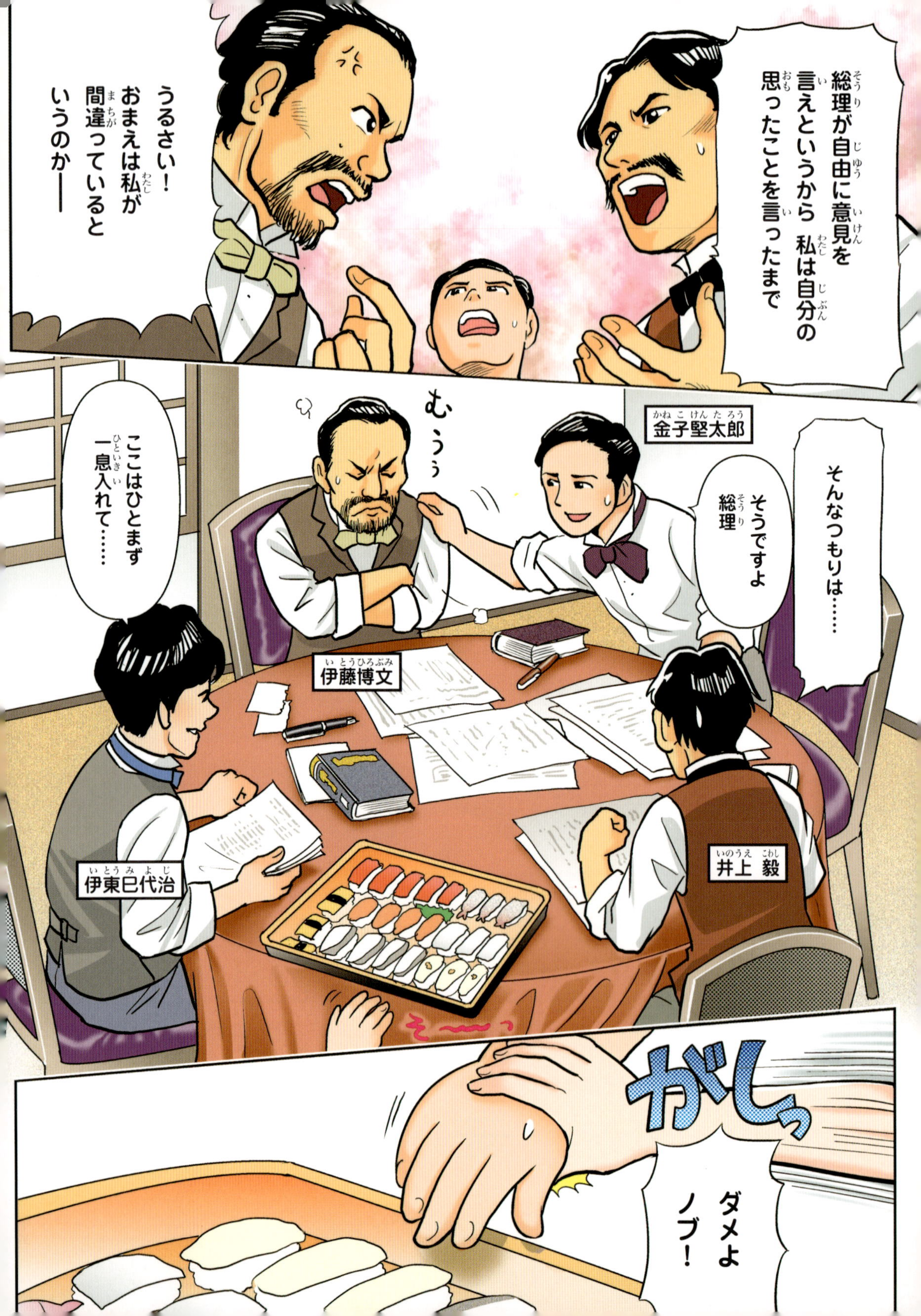
総理《そうり》が自由《じゆう》に意見《いけん》を言《い》えというから 私《わたし》は自分《じぶん》の思《おも》ったことを言《い》ったまで
うるさい! おまえは私《わたし》が間違《まちが》っていると いうのか——
そんなつもりは……
そうですよ 総理《そうり》
金子堅太郎《かねこけんたろう》
むうぅ
ここはひとまず 一息《ひといき》入《い》れて……
伊藤博文《いとうひろぶみ》
井上毅《いのうえこわし》
伊東巳代治《いとうみよじ》
そ〜〜っ
がしっ
ダメよ ノブ!

ガタッ
だって～ おなか すいちゃったんだもん
だっ
だれだ!? おまえらは!?
あの……その 怪《あや》しい者《もの》では……
早《はや》く食《た》べないと おいしくなくなっちゃいますよ
だとしたら ただで帰《かえ》すわけにはいかないな
ぬぉう
まさか―― 憲法草案《けんぽうそうあん》*を盗《ぬす》みにきたのか?
*草案《そうあん》＝原案《げんあん》
そっ……そんなことは決《けっ》して……

ダッ
お待《ま》ちください！
この者《もの》たちは
私《わたし》が連《つ》れてきたのです
怪《あや》しい者《もの》ではありません！
なんだ
テル！
おまえが
連《つ》れてきたのか？
テル　もしかして
私《わたし》たちに
会《あ》わせたい
スゴイ人《ひと》って……
そう
この方《かた》は――
総理《そうり》大臣《だいじん》の
伊藤《いとう》博文《ひろぶみ》閣下《かっか》だ！

そ……そうじ大臣《だいじん》!?
そんなにキレイ好《ず》きなのか!?
あっ ここにホコリ発見《はっけん》!
ついっ
そ・う・り・大臣《だいじん》っ! 政治《せいじ》を行《おこな》う内閣《ないかく》のトップ!! 伊藤博文《いとうひろぶみ》といえば 日本《にほん》の初代総理大臣《しょだいそうりだいじん》なのよっ!!
やだなぁ
し……知《し》ってるよう
ちょっとボケただけで‥
知《し》らなかった……
はっはっ、すまんな つい 熱《あつ》くなってしまってな
ちょうど一息《ひといき》つくところだから一緒《いっしょ》に料理《りょうり》でも――
モシャモシャモシャ‥
おいし～
ん?
もう食《た》べてるのね…

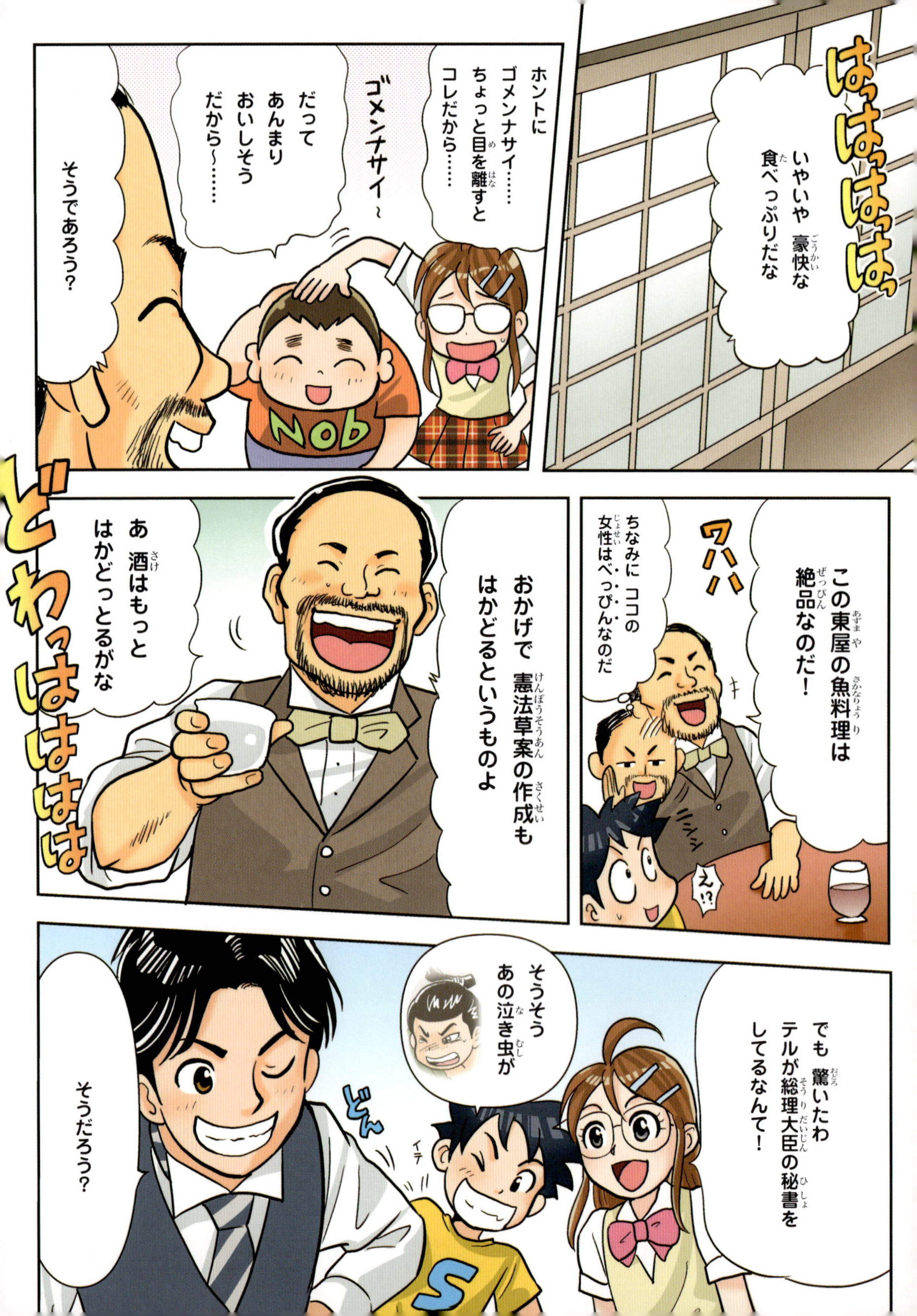
はっはっはっ
いやいや 豪快《ごうかい》な食《た》べっぷりだな
ホントにゴメンナサイ……ちょっと目《め》を離《はな》すとコレだから……
ゴメンナサイ～
だってあんまりおいしそうだから～……
そうであろう？
この東屋《あずまや》の魚料理《さかなりょうり》は絶品《ぜっぴん》なのだ！
ワハハ
ちなみにココの女性《じょせい》はべっぴんなのだ
え!?
おかげで憲法草案《けんぽうそうあん》の作成《さくせい》もはかどるというものよ
あ 酒《さけ》はもっとはかどっとるがな
どわっはははは
でも 驚《おどろ》いたわ テルが総理大臣《そうりだいじん》の秘書《ひしょ》をしてるなんて！
そうそう あの泣《な》き虫《むし》が
どん
イテ
そうだろう？

伊藤総理《いとうそうり》は 私《わたし》や桂先生《かつらせんせい》 高杉先生《たかすぎせんせい》と同《おな》じ 長州藩出身《ちょうしゅうはんしゅっしん》なのだ
そういう縁《えん》もあって 目《め》をかけていただいて いるのだ
テルはよく 気《き》がつくやつだぞ
はて？
おまえの顔《かお》 どこかで見《み》た ことあるような……
気《き》がつかれ ましたか！
ノブは 四国艦隊《しこくかんたい》が 下関《しものせき》の砲台《ほうだい》を 襲《おそ》った時《とき》に――
おーーっ 砲弾《ほうだん》で焼《や》けた小屋《こや》の中《なか》の オニギリを守《まも》ると わめいていた……
オジサン！ あそこにいたの!?

いたとも！あれから桂《かつら》さんや西郷《さいごう》さんと力《ちから》を合《あ》わせて江戸幕府《えどばくふ》を倒《たお》し明治政府《めいじせいふ》をつくった！
それから政治《せいじ》のしくみは変《か》わり西洋《せいよう》の文明《ぶんめい》が入《はい》ってきて人々《ひとびと》の暮《く》らしは豊《ゆた》かになった
たしかに変《か》わったわね……
うん うん
しかし……足《た》りないものがある
何《なん》ですか？
憲法《けんぽう》だ

ケンポーなら オレも習《なら》ってたぜ
トリャー
ウリャー
それは 拳法《けんぽう》でしょ
そうじゃなくて 憲法《けんぽう》!
国《くに》のあり方《かた》を決《き》め すべての法律《ほうりつ》の基《もと》になる もの……ですよね?
そのとおり!! 私《わたし》は日本初《にほんはつ》の憲法《けんぽう》の草案《そうあん》を 今《いま》まさにつくっているのだ
この3人《にん》と 一緒《いっしょ》にな!!
われら 憲法作成隊《けんぽうさくせいたい》!!
カッケー!! なんかスゲーよ オジサンたち!!
よく わかんない けどえらいこと なんだろ?
オレもケンポー 知《し》らないわけじゃないし 仲間《なかま》に入《い》れてよ
だから ケンポウ ちがい だってば

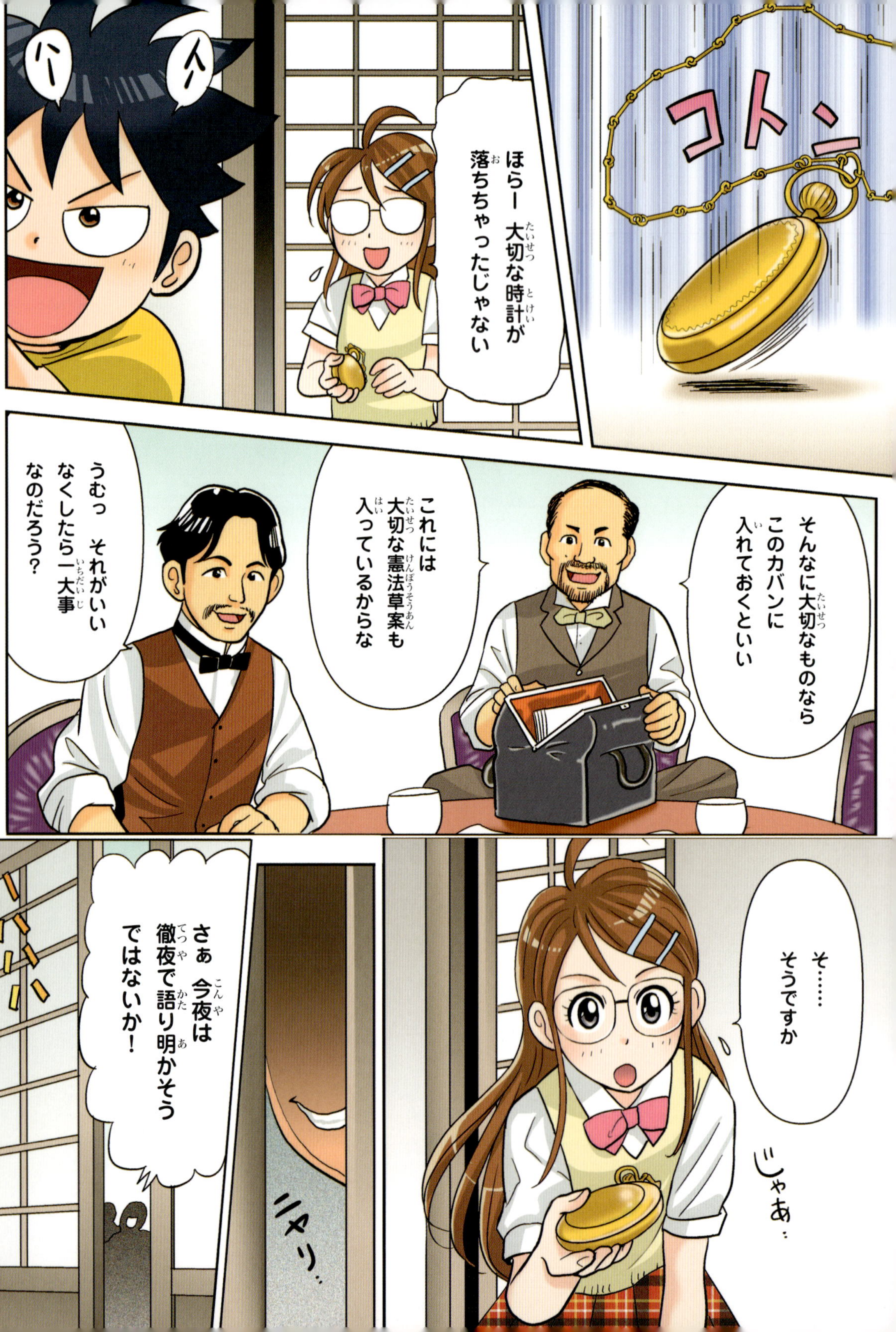
コトン
ほらー 大切《たいせつ》な時計《とけい》が 落《お》ちちゃったじゃない
そんなに大切《たいせつ》なものなら このカバンに 入《い》れておくといい
これには 大切《たいせつ》な憲法草案《けんぽうそうあん》も 入《はい》っているからな
うむっ それがいい なくしたら一大事《いちだいじ》 なのだろう?
そ…… そうですか
じゃあ‥
さぁ 今夜《こんや》は 徹夜《てつや》で語《かた》り明《あ》かそう ではないか!
ニヤリ‥
ハハハハ

翌朝《よくあさ》
ない……
ないっ!
ない〜!!
なんだ 朝《あさ》から? ……ごちそうなら 昨夜《さくや》食《た》べつくしてしまったから なくて当然《とうぜん》……
ないっ!!
違《ちが》います! カバンがないんです! 憲法草案《けんぽうそうあん》の入《はい》った 大事《だいじ》なカバンが!!
なにいい!?
たぶん 何者《なにもの》かに 盗《ぬす》まれたものと ……
そっ…… そっ それじゃあ 私《わたし》たちの 懐中時計《かいちゅうどけい》も一緒《いっしょ》に 盗《ぬす》まれたってこと!?
ええ——っ!?
プ——ッ

没落《ぼつらく》した士族《しぞく》と西南戦争《せいなんせんそう》

① 仕事《しごと》を失《うしな》った士族《しぞく》たち

藩《はん》が廃止《はいし》され、徴兵制《ちょうへいせい》で国民《こくみん》から兵士《へいし》を集《あつ》めるようになったことで、武士《ぶし》（士族《しぞく》）は仕事《しごと》を失《うしな》いました。失業《しつぎょう》した士族《しぞく》が政府《せいふ》からもらっていた給料《きゅうりょう》も1876（明治《めいじ》9）年《ねん》には廃止《はいし》され、「廃刀令《はいとうれい》」も出《だ》されて刀《かたな》を差《さ》して歩《ある》くことが禁止《きんし》されました。こうして特権《とっけん》を失《うしな》った士族《しぞく》の間《あいだ》には不満《ふまん》がたまっていったのです。

もの知《し》りコラム

店《みせ》を開《ひら》いてみたけれど……
士族《しぞく》の商法《しょうほう》

食《た》べ物《もの》や古道具《ふるどうぐ》を扱《あつか》う商売《しょうばい》を始《はじ》めた士《し》族《ぞく》もいましたが、頭《あたま》を下《さ》げることが苦手《にがて》で、お金《かね》のやりくりも慣《な》れていないのでうまくいかず、失敗《しっぱい》した人《ひと》がたくさんいました。このため、急《きゅう》に慣《な》れない商売《しょうばい》を始《はじ》めて失敗《しっぱい》するたとえとして「士族《しぞく》の商《しょう》法《ほう》」という言葉《ことば》が生《う》まれました。

明治時代《めいじじだい》のキーパーソン 4

西南戦争《せいなんせんそう》で士族《しぞく》たちを率《ひき》いた
西郷隆盛《さいごうたかもり》

★生没年《せいぼつねん》 1828～1877年《ねん》
薩摩藩《さつまはん》（鹿児島県《かごしまけん》）の藩士《はんし》で明治維新《めいじいしん》の立役《たてやく》者《しゃ》。明治政府《めいじせいふ》を離《はな》れた後《あと》、西南戦争《せいなんせんそう》では不満《ふまん》を持《も》つ士族《しぞく》のリーダーとして戦《たたか》い、敗《やぶ》れた。

国立国会図書館ＨＰから

② 西南戦争《せいなんせんそう》で政府軍《せいふぐん》が士族《しぞく》に勝利《しょうり》

不満《ふまん》を持《も》った士族《しぞく》たちは、各地《かくち》で反乱《はんらん》を起《お》こすようになりました。最《もっと》も大《おお》きな反乱《はんらん》が、1877（明《めい》治《じ》10）年《ねん》に鹿《か》児《ご》島県《しまけん》の士族《しぞく》を中心《ちゅうしん》に起《お》きた西南戦争《せいなんせんそう》です。不満《ふまん》を持《も》つ士族《しぞく》に同情的《どうじょうてき》だった西郷隆盛《さいごうたかもり》がリーダーとなり戦《たたか》いましたが、明治政府軍《めいじせいふぐん》に敗《やぶ》れ、以後《いご》、士族《しぞく》の反乱《はんらん》はなくなりました。

もの知《し》りコラム

じつは火星《かせい》の大接近《だいせっきん》
西郷《さいごう》さんは星《ほし》になった！

西南戦争《せいなんせんそう》のリーダーの西郷隆盛《さいごうたかもり》は、とても人気《にんき》がありました。西郷《さいごう》が亡《な》くなった年《とし》、空《そら》に大《おお》きくて明《あか》るい星《ほし》が現《あらわ》れました。じつは火星《かせい》の大接近《だいせっきん》だったのですが、人々《ひとびと》は、「あの星《ほし》は西郷《さいごう》さんだ！」とウワサしました。

西郷星《さいごうぼし》を描《えが》いた錦絵《にしきえ》
こうした錦絵《にしきえ》が何種類《なんしゅるい》もつくられた
鹿児島県立図書館蔵

明治時代《めいじじだい》のキーパーソン 5

明治政府《めいじせいふ》の中心人物《ちゅうしんじんぶつ》
大久保利通《おおくぼとしみち》

★生没年《せいぼつねん》 1830～1878年《ねん》
幼《おさな》なじみの西郷隆盛《さいごうたかもり》らと明治維新《めいじいしん》を成《な》しとげた明治政府《めいじせいふ》の中心人物《ちゅうしんじんぶつ》。西郷《さいごう》とは後《のち》に対立《たいりつ》し、西南戦争《せいなんせんそう》では敵味方《てきみかた》に分《わ》かれた。

国立国会図書館ＨＰから

西南戦争《せいなんせんそう》を描《えが》いた錦絵《にしきえ》
右《みぎ》が反乱《はんらん》を起《お》こした士族《しぞく》たち、左《ひだり》が明治政府軍《めいじせいふぐん》。士族《しぞく》たちは寄《よ》せ集《あつ》めで、武器《ぶき》も古《ふる》いものが多《おお》かった。一方《いっぽう》、明《めい》治政府軍《じせいふぐん》は最新式《さいしんしき》の武器《ぶき》をそろえたが、徴兵《ちょうへい》された農民《のうみん》が中心《ちゅうしん》で、弱《よわ》かった　国立国会図書館ＨＰから

6章《しょう》

大事《だいじ》なカバンを取《と》り戻《もど》せ！

名探偵《めいたんてい》シャーロック・ホームズの物語《ものがたり》は日本《にほん》でいえば明治時代《めいじじだい》に生《う》まれたのよ！

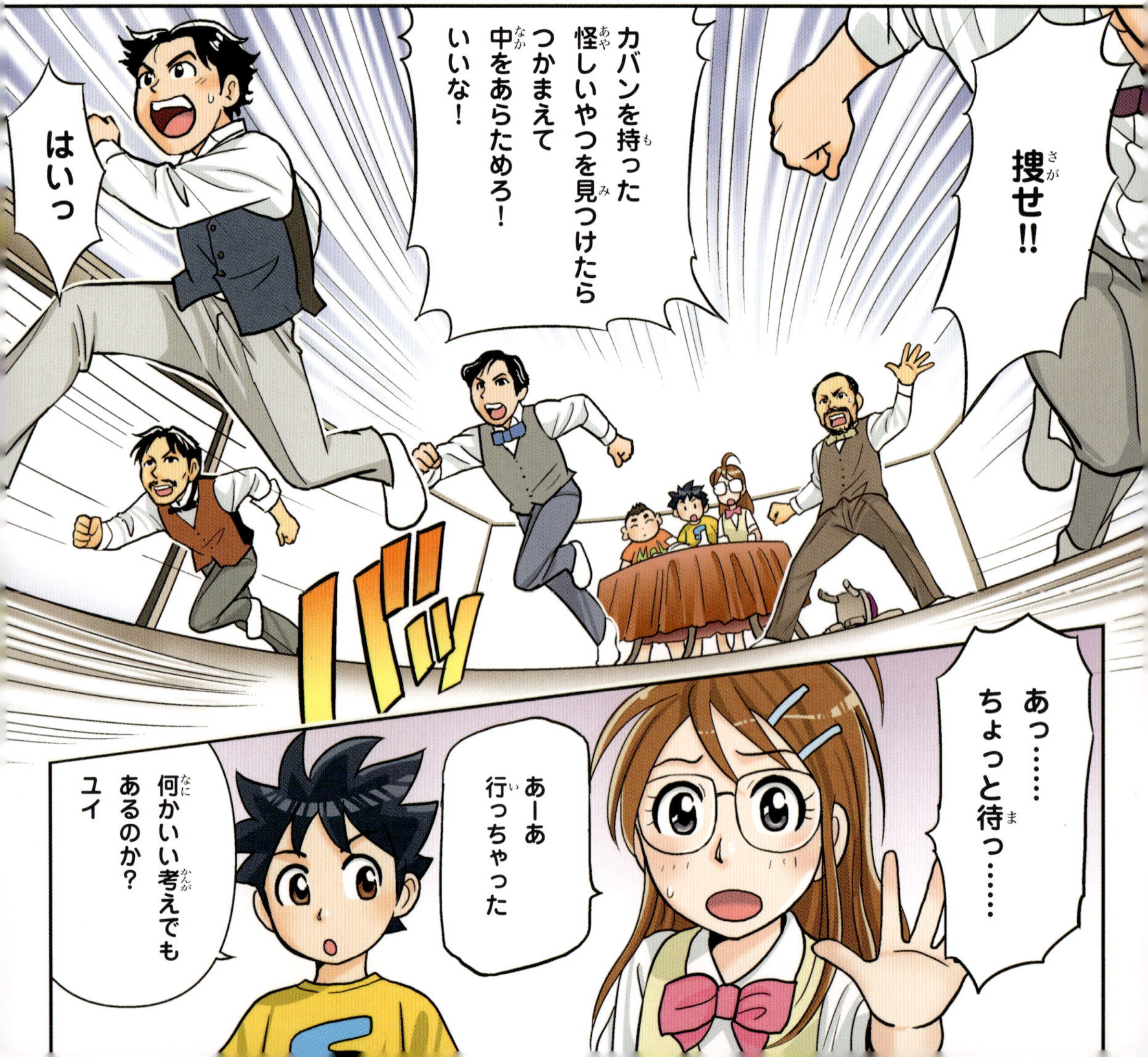
捜《さが》せ!!
カバンを持《も》った怪《あや》しいやつを見《み》つけたらつかまえて中《なか》をあらためろ！いいな！
はいっ
バッ
あっ……ちょっと待《ま》っ……
あーあ行《い》っちゃった
何《なに》かいい考《かんが》えでもあるのか？ユイ

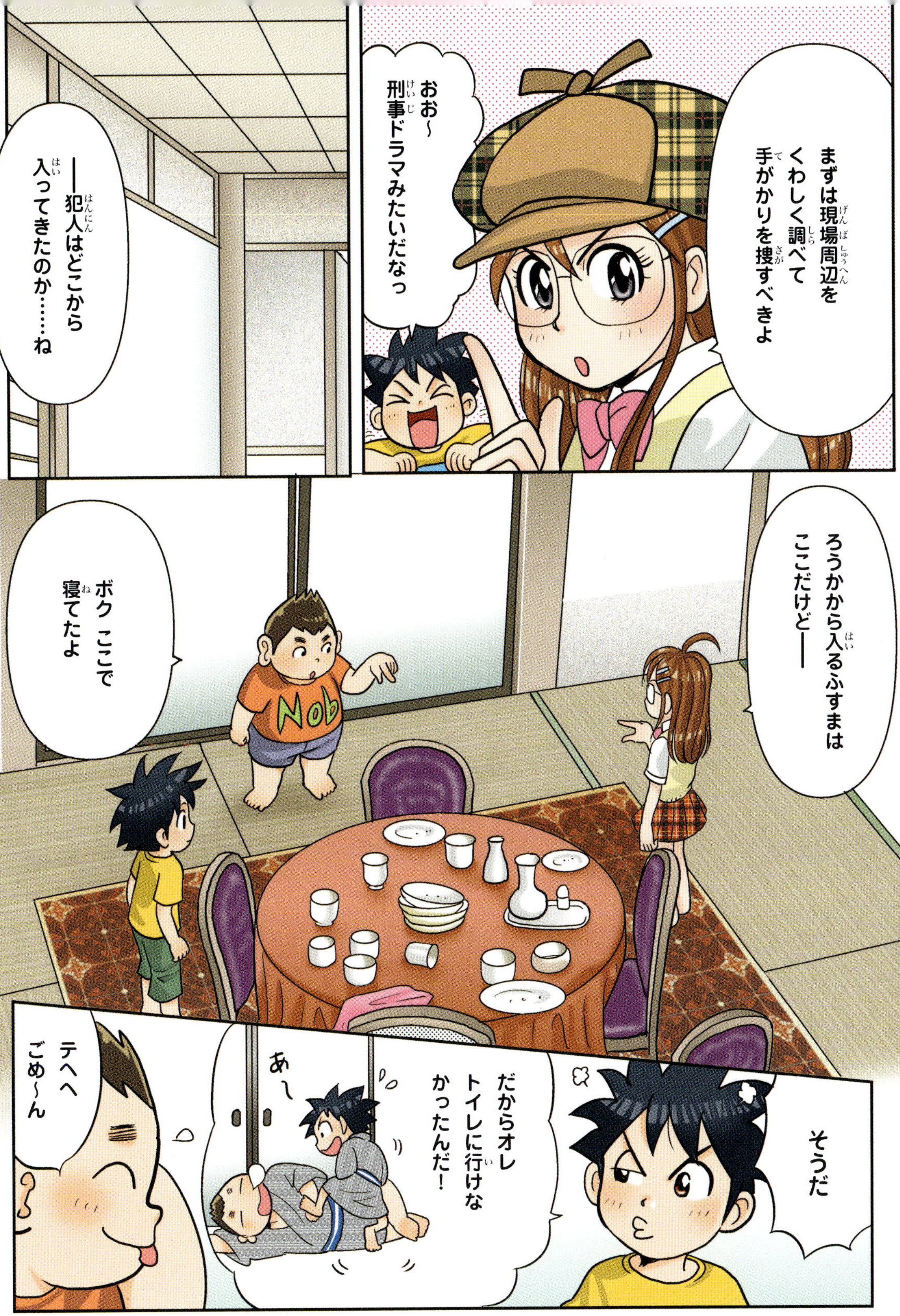
まずは現場周辺《げんばしゅうへん》を
くわしく調《しら》べて
手《て》がかりを捜《さが》すべきよ
おお~
刑事《けいじ》ドラマみたいだなっ
──犯人《はんにん》はどこから
入《はい》ってきたのか……ね
ろうかから入《はい》るふすまは
ここだけど──
ボク ここで
寝《ね》てたよ
そうだ
だからオレ
トイレに行《い》けな
かったんだ!
あ~
テヘヘ
ごめ~ん

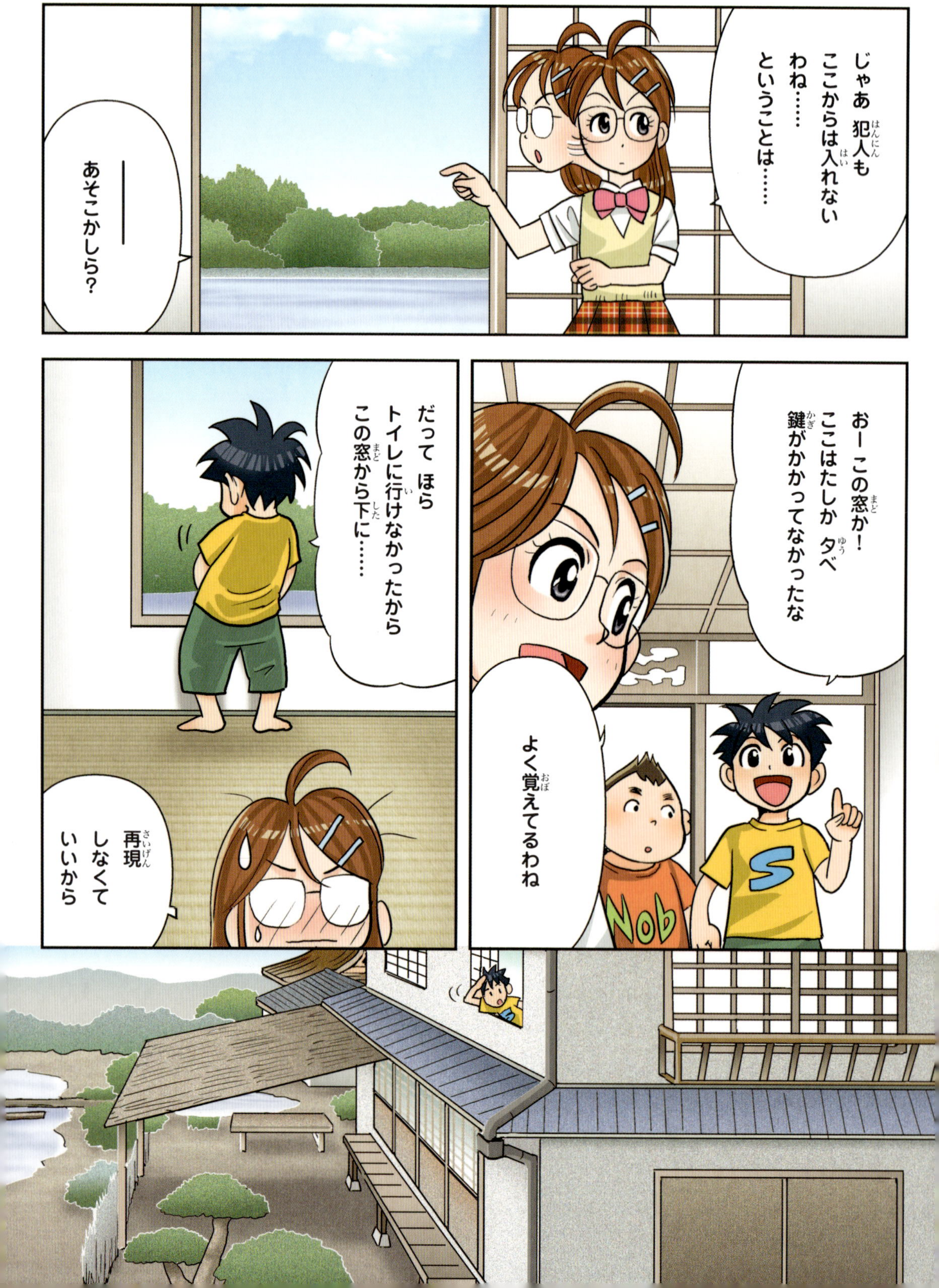
じゃあ 犯人《はんにん》も ここからは入《はい》れない わね…… ということは……
―――あそこかしら?
おー この窓《まど》か! ここはたしか 夕《ゆう》べ 鍵《かぎ》がかかってなかったな
よく覚《おぼ》えてるわね
だって ほら トイレに行《い》けなかったから この窓《まど》から下《した》に……
再現《さいげん》 しなくて いいから

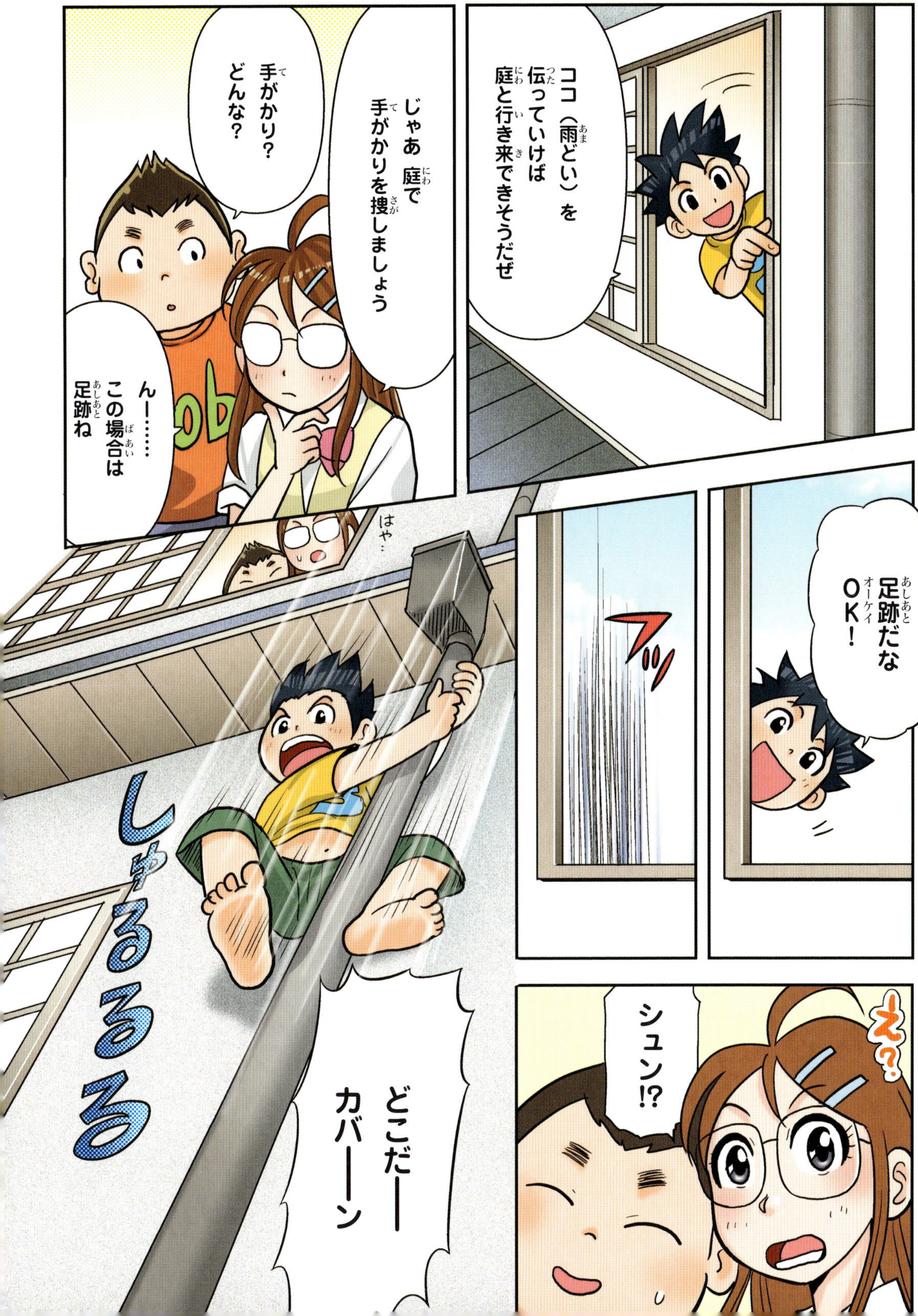
ココ（雨《あま》どい）を伝《つた》っていけば庭《にわ》と行《い》き来《き》できそうだぜ
じゃあ 庭《にわ》で手《て》がかりを捜《さが》しましょう
手《て》がかり？どんな？
んー……この場合《ばあい》は足跡《あしあと》ね
足跡《あしあと》だなOK《オーケイ》！
はや…
しゅるるる
どこだーーカバーーン
え？
シュン!?

おっ！足跡《あしあと》見《み》っけ！
よーし これを追《お》いかければ犯人《はんにん》を捜《さが》せるんだな
逃《に》がさないぜ泥棒《どろぼう》め！
ダダッ
シュン！何《なに》か見《み》つけた？
おー こっち こっち！
ばっちり見《み》つけたぜ！犯人《はんにん》の足跡《あしあと》
でも なんかコイツ ずっと同《おな》じところを ぐるぐる歩《ある》いてるんだよね
フシギなことに…
シュン……それ自分《じぶん》の足跡《あしあと》だから……
はぬ!?

!
——……
こっちのほうが
怪《あや》しそうよ
おじゃま
しまーす
スッ
コク
コク
こっちか!!
ササッ
ドン

ずべっ
むぐぐ
イテテ
ドッ
す……すみませ……
あっ!!カバン!!
!? また おまえか
イテテ
鼠《ねずみ》小《こ》僧《ぞう》三世《さんせい》――っ!!
坊《ぼう》主《ず》……
どうして ここが わかったんだ?

足跡《あしあと》をつけたのよ!!
何《なに》? オレがそんなヘマをしちまったのかっ!
ゲッ
さあ おとなしくお縄《なわ》につきなさい!!
ユイさては時代劇好《じだいげきず》きだろ……
そうカンタンにつかまってたまるかよ
ぴょん
ぴょん
どしん どしん どしん
ユラ
ユラ
わっ! よせ
わわっ

ふりゃあ
ガッ
ズザザー
ゴン
ご……ごいづ～
はっ……離《はな》しやがれっ！
離《はな》すもんか!!
は・な・せって言《い》ってるだろ――――が！
ギリギリ
ズズ
は・な・す・も・ん・かって言《い》ってるだろ――――が!!

うぬぬぬぬ〜……
うおおおお……
ちぇっ
ぱっ
うわっ
しかたねぇ
その中《なか》には 日本《にほん》のためになる
大切《たいせつ》なものが入《はい》ってるんだろ？
ちゃんと使《つか》って
きちんとした世《よ》の中《なか》をつくって
くれるなら――返《かえ》すぜ
ね……
鼠小僧《ねずみこぞう》……
おまえ……
案外《あんがい》イイやつ
なのか……？

なーーんて ウッソで~い!
そんなこと 知《し》った こっちゃ ねーやい
だああ
覚《おぼ》えてろよ! いつか ぎゃふんと 言《い》わせてやるからな!
なにを~ 待《ま》て 鼠《ねずみ》小《こ》僧《ぞう》!
今《いま》まで「ぎゃふん」なんて 言《い》った人《ひと》見《み》たことないぞ
まぁ まぁ
いいじゃないの カバンは取《と》り戻《もど》し たんだから!
コロッ
そうだな! これで元《もと》の世界《せかい》に 帰《かえ》れるな
そゆこと
かぱっ

泥棒《どろぼう》はこっちかっ!!
カバンは見《み》つかったか!?
うん――……カバンは取《と》り戻《もど》したんだけど……
でかしたぞ
草案《そうあん》は!? 憲法草案《けんぽうそうあん》は無事《ぶじ》なのか?

うおおおおお
あった!!
あったぞ
憲法草案《けんぽうそうあん》だ!!
!? おまえたち
どうしたんだ?
憲法草案《けんぽうそうあん》は
あったけど……
……
なかったんだ

オレたちの懐中《かいちゅう》時計《どけい》……
何《なん》だと!?
へへっ
ばっちり時計《とけい》はいただいたぜ！——それから……
ぱしっ
こんないいもんもな……

「自由民権運動《じゆうみんけんうんどう》」って何《なに》？

① 議会《ぎかい》を開《ひら》け！　憲法《けんぽう》をつくれ！

明治政府《めいじせいふ》は、薩摩藩《さつまはん》や長州藩《ちょうしゅうはん》の出身者《しゅっしんしゃ》を中心《ちゅうしん》に、一部《いちぶ》の人《ひと》たちだけで政治《せいじ》を行《おこな》っており、こうした藩閥《はんばつ》政治《せいじ》に不満《ふまん》を持《も》つ人《ひと》がたくさんいました。彼《かれ》らは、国民《こくみん》が政治《せいじ》に参加《さんか》できるよう、議会《ぎかい》（国会《こっかい》）を開《ひら》き、憲法《けんぽう》をつくることを求《もと》めました。これを「自由民権運動《じゆうみんけんうんどう》」といいます。

明治時代《めいじじだい》のキーパーソン　6

「自由民権運動《じゆうみんけんうんどう》」の指導者《しどうしゃ》

板垣退助《いたがきたいすけ》

★生没年《せいぼつねん》 1837～1919年《ねん》

土佐藩《とさはん》（高知県《こうちけん》）出身《しゅっしん》の政治家《せいじか》。薩摩藩《さつまはん》や長州藩中心《ちょうしゅうはんちゅうしん》の明治政府《めいじせいふ》を批判《ひはん》して「自由民権運動《じゆうみんけんうんどう》」の中心人物《ちゅうしんじんぶつ》となり、自由党《じゆうとう》をつくった。

国立国会図書館ＨＰから

演説会《えんぜつかい》を描《えが》いた小説《しょうせつ》のさし絵《え》

政府《せいふ》を批判《ひはん》する演説《えんぜつ》をやめさせようとする警察官《けいさつかん》(奥《おく》)。西南戦争以後《せいなんせんそういご》、武力《ぶりょく》ではなく言葉《ことば》で主張《しゅちょう》し、争《あらそ》う世《よ》の中《なか》へと変《か》わっていった

東京大学法学部附属明治新聞雑誌文庫蔵

② 政府《せいふ》が議会《ぎかい》を開《ひら》くと約束《やくそく》

政府《せいふ》は自由民権運動《じゆうみんけんうんどう》を厳《きび》しく取《と》り締《し》まりました。しかし、やがて運動《うんどう》が広《ひろ》がって無視《むし》することができなくなり、1881（明治《めいじ》14）年《ねん》に「国会開設《こっかいかいせつ》の勅諭《ちょくゆ》」を出《だ》し、1890（明治《めいじ》23）年《ねん》に議会《ぎかい》を開《ひら》くことを約束《やくそく》しました。

議会《ぎかい》の開設《かいせつ》に備《そな》えて、同《おな》じ考《かんが》えの人《ひと》たちが集《あつ》まって政党《せいとう》を結成《けっせい》し、藩閥政治《はんばつせいじ》に対抗《たいこう》しました。なかでも、板垣退助《いたがきたいすけ》の自由党《じゆうとう》と、大隈重信《おおくましげのぶ》の立憲改進党《りっけんかいしんとう》が二大《にだい》政党《せいとう》となり、勢力《せいりょく》を伸《の》ばしていきました。

明治時代《めいじじだい》のキーパーソン 7

日本初《にほんはつ》の政党内閣《せいとうないかく》の総理大臣《そうりだいじん》

大隈重信《おおくましげのぶ》

★生没年《せいぼつねん》 1838～1922年《ねん》

佐賀藩《さがはん》（佐賀県《さがけん》）出身《しゅっしん》の政治家《せいじか》。日本初《にほんはつ》の政《せい》党内閣《とうないかく》（政党《せいとう》を中心《ちゅうしん》とした内閣《ないかく》）の総理大臣《そうりだいじん》になった。早稲田大学《わせだだいがく》の創設者《そうせつしゃ》。

国立国会図書館ＨＰから

もの知《し》りコラム

「自由民権運動《じゆうみんけんうんどう》」の歌《うた》

「オッペケペー節《ぶし》」大流行《だいりゅうこう》！

「自由民権運動《じゆうみんけんうんどう》」が広《ひろ》がるきっかけのひとつが、「オッペケペー節《ぶし》」という歌《うた》でした。自由民権《じゆうみんけん》の思想《しそう》や政府《せいふ》への批判《ひはん》を歌《うた》ったもので、俳優《はいゆう》で自由党《じゆうとう》のメンバーでもあった川上音《かわかみおと》二郎《じろう》が広《ひろ》め、全国《ぜんこく》で大流行《だいりゅうこう》しました。

権利幸福《けんりこうふく》
嫌《きら(い)》ひな人《ひと》に
自由湯《じゆうとう》をば
飲《の》ましたい
オッペケペ
オッペケペ
オッペケペッポー
ペッポッポー
（歌詞《かし》の例《れい》）

川上音二郎像《かわかみおとじろうぞう》（福岡市《ふくおかし》）
現代《げんだい》のラップのようなリズムで人気《にんき》を集《あつ》めた

写真：朝日新聞社

7章《しょう》

鹿鳴館《ろくめいかん》へＧＯ《ゴー》！

すまない……
私《わたし》がここへ連《つ》れてきたばっかりに
シュンがシュン‥
いや……私《わたし》がカバンに時計《とけい》を入《い》れたのがいけなかった……
スマン
うーん‥
一緒《いっしょ》に入《はい》ってたお金《かね》もなくなっているな

………もしや……
がばっ
やはり……アレもないな
はぁ～
アレとは何《なん》ですか?
招待券《しょうたいけん》だよ
今夜《こんや》鹿鳴館《ろくめいかん》で行《おこな》われる舞踏会《ぶとうかい》のな
鹿鳴館《ろくめいかん》!!!

六名缶《ろくめいかん》?
六名《ろくめい》
六目《ろくめ》イカ?
鹿鳴館《ろくめいかん》!!
明治時代《めいじじだい》のイケてるスポットよ 外国《がいこく》の人《ひと》たちも招《まね》いて 華《はな》やかな舞踏会《ぶとうかい》が行《おこな》われる場所《ばしょ》よ!!
わざとまちがえてるでしょ!
地位《ちい》の高《たか》い人《ひと》じゃないと入《はい》れないのさ 庶民《しょみん》にとってはあこがれの場所《ばしょ》だ
みんな高価《こうか》な宝石《ほうせき》を身《み》につけてやってくるぞ
料理《りょうり》も高級《こうきゅう》で舌《した》がとろけるほどおいしいものばかりだ

じゃあ 鹿鳴館《ろくめいかん》に行《い》こう!!
ずんっ
ノブは すぐ 食《た》べ物《もの》に つられるな――
ニシシ
きっと 鼠小僧《ねずみこぞう》は おいしい料理《りょうり》を食《た》べに 鹿鳴館《ろくめいかん》に来《く》るハズ!
へ? なんで??
私《わたし》も……鼠小僧《ねずみこぞう》は 鹿鳴館《ろくめいかん》に来《く》ると思《おも》う ねらいは食《た》べ物《もの》ではないがな
そうね! 高価《こうか》な宝石《ほうせき》をねらって 来《く》るわ! きっと!
そうだな……よし! 一緒《いっしょ》に鼠小僧《ねずみこぞう》を つかまえにいこう!
テル! みんなが 舞踏会《ぶとうかい》に入《はい》れるよう手配《てはい》してくれ!
衣《い》しょうも 用意《ようい》してやってくれ!
わかりました!

カッカパ
カッカパカラ…
着《つ》いたぞ……
こっ……

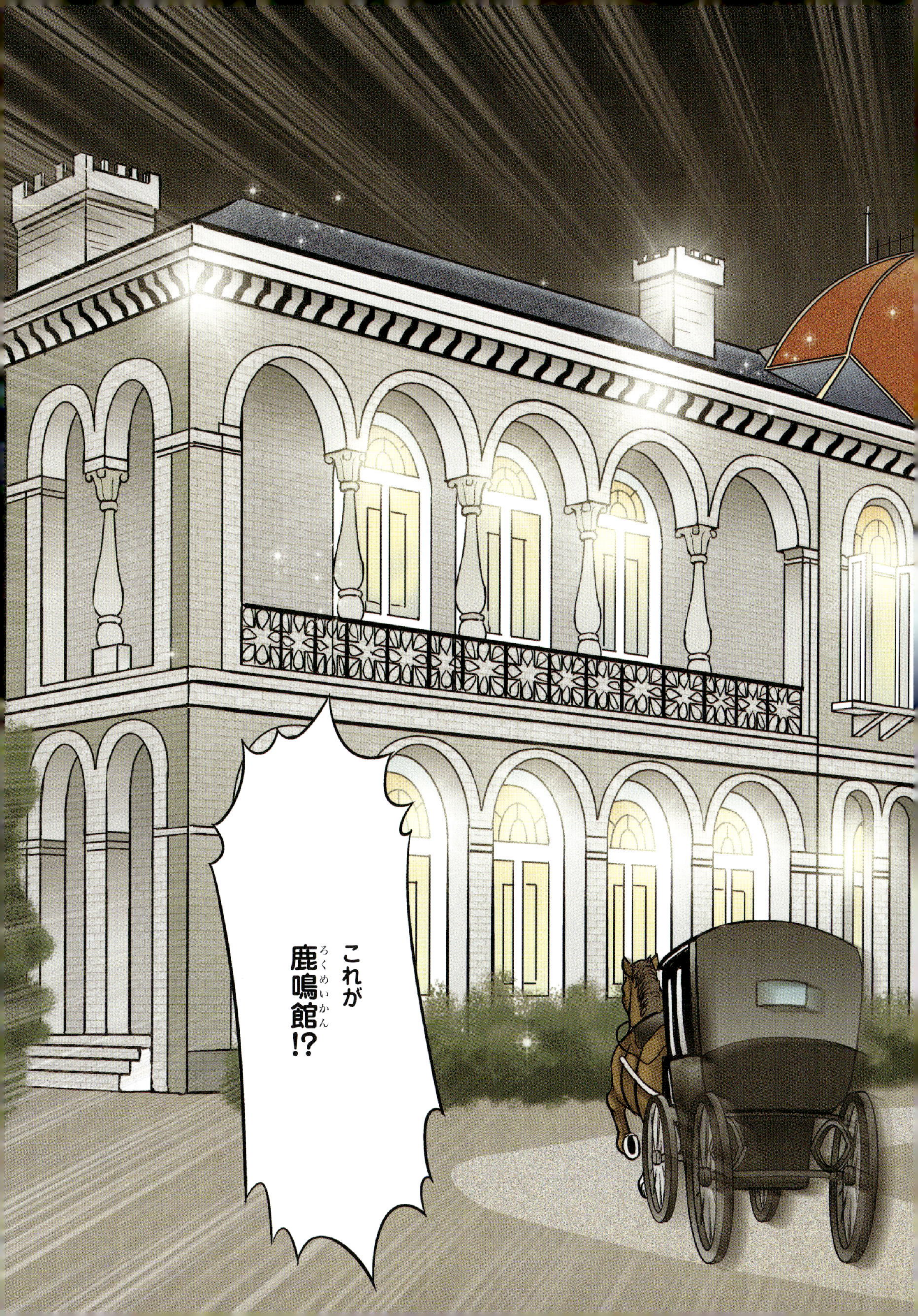
これが
鹿鳴館《ろくめいかん》!?

ようこそ いらっしゃいました 閣下《かっか》──
わあっ すてき!!
ノブはさっそく 食《た》べ物《もの》を 見《み》つけたようだな

タタ
ねえねえ
シュン！ ユイ！
アンパンがあった……
どんっ
ぱくぱく
あっ これ
おいしいな！
ちっ……あいつらまで
来《き》やがったのか……
めんどうな……
……
うわっ
ドタッ
ヨロ
おっと

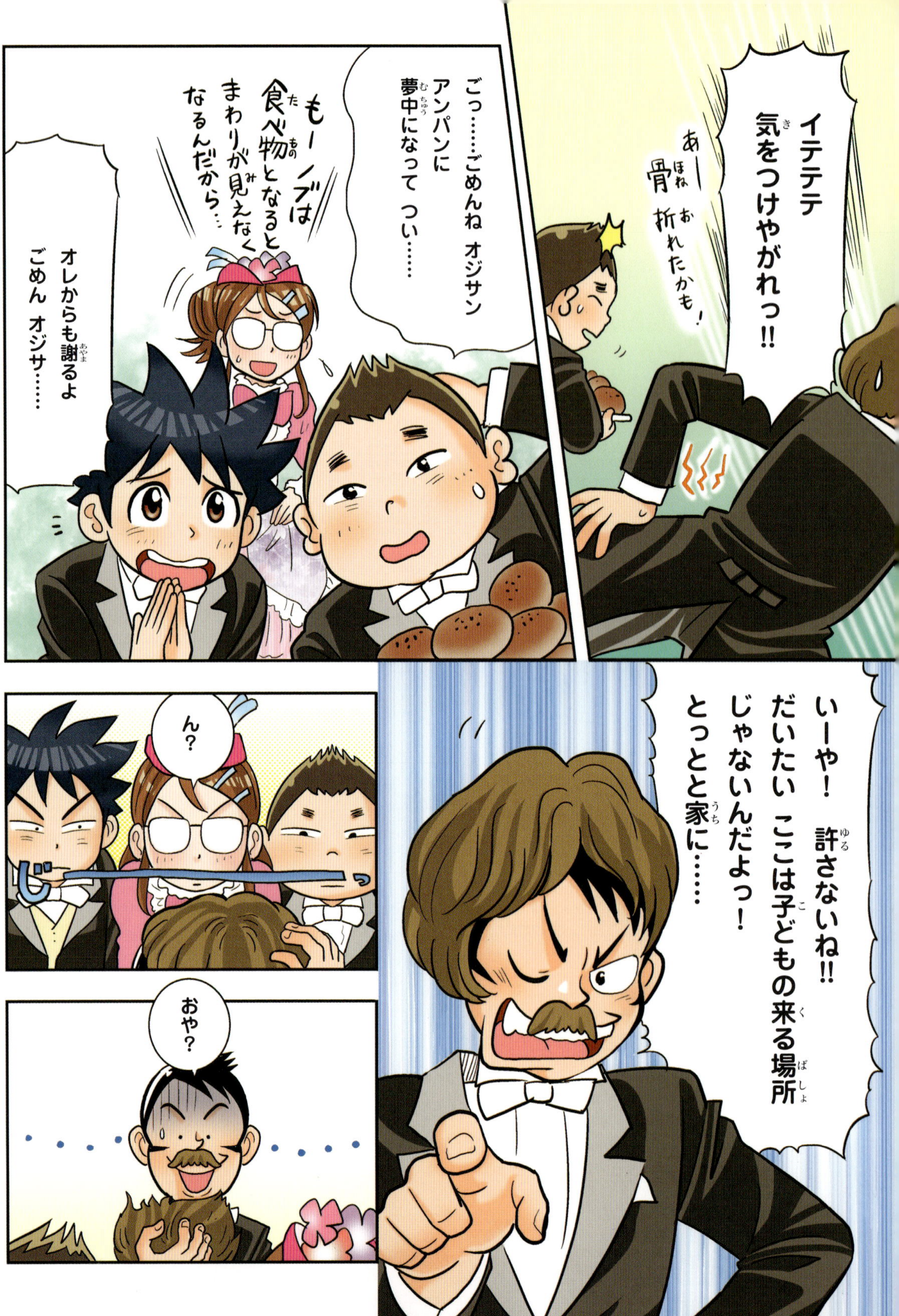

イテテテ
気《き》をつけやがれっ!!
あー
骨《ほね》折《お》れたかも!
ごっ……ごめんね オジサン
アンパンに
夢中《むちゅう》になって つい……
もーノブは
食《た》べ物《もの》となると
まわりが見《み》えなく
なるんだから…
オレからも謝《あやま》るよ
ごめん オジサ……
いーや! 許《ゆる》さないね!!
だいたい ここは子《こ》どもの来《く》る場所《ばしょ》
じゃないんだよっ!
とっとと家《うち》に……
ん?
じ
おや?

鼠《ねずみ》小《こ》僧《ぞう》だ――!!
わわわ
ちくしょう盗《ぬす》みはこれからが本番《ほんばん》だってのに――
手《て》分《わ》けして追《お》いかけよう!! ノブはそっち!
ラジャー
ユイはこっち!
OK《オーケー》!
ドレスは走《はし》りにくいわね

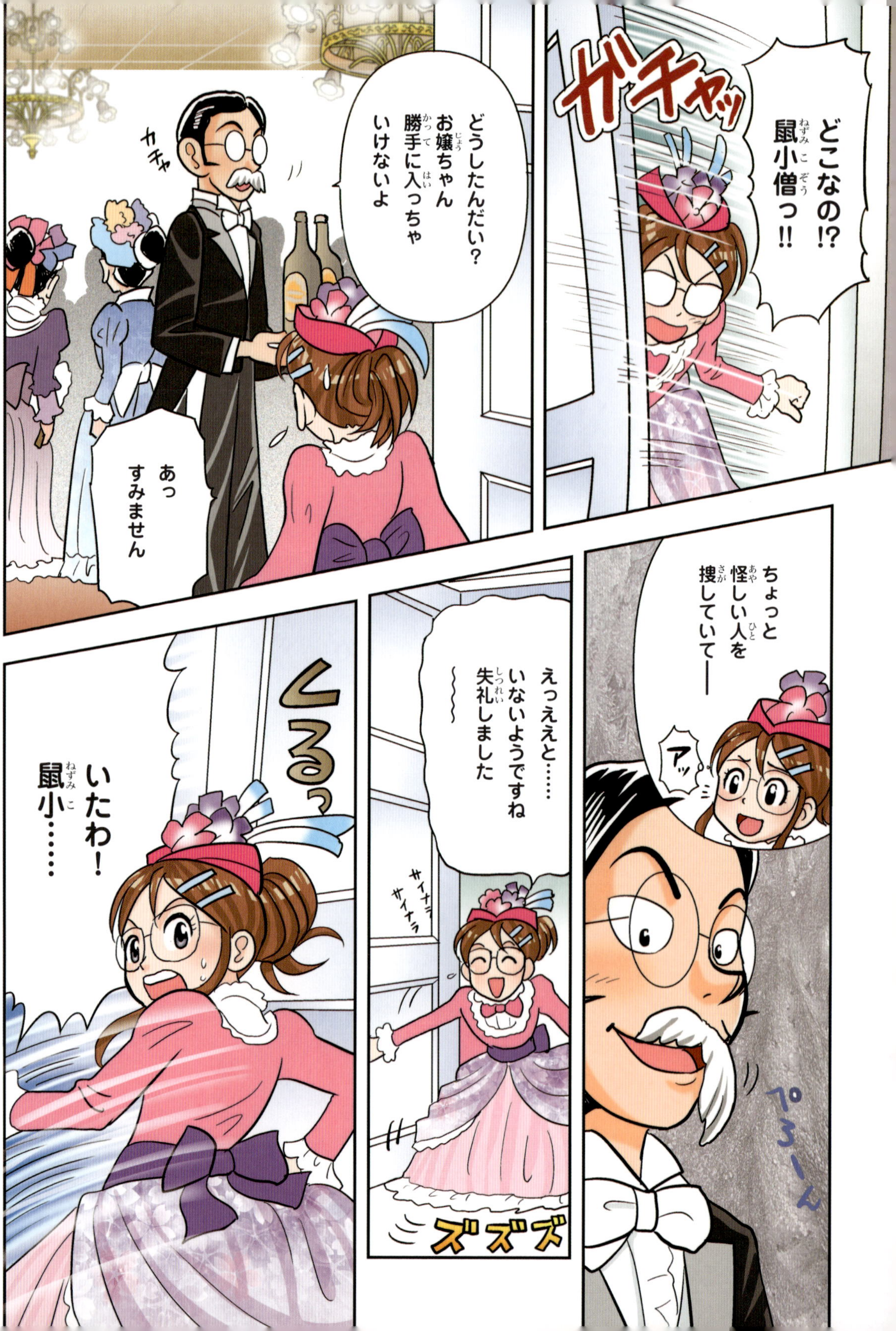
ガチャッ
どこなの!? 鼠《ねずみ》小《こ》僧《ぞう》っ!!
カチャ
どうしたんだい? お嬢《じょう》ちゃん 勝手《かって》に入《はい》っちゃ いけないよ
あっ すみません
ちょっと 怪《あや》しい人《ひと》を 捜《さが》していて――
アッ
ぷろーん
えっええと…… いないようですね 失礼《しつれい》しました ～～～
サイナラ サイナラ
ズズズ
くるっ
いたわ! 鼠《ねずみ》小《こ》……

おとなしくしな
逃《に》げるまで一緒《いっしょ》にいてもらうぜ――
ノブ！見《み》つけた!?
ううんユイは？
ガチャ
あっ！ユイ
鼠《ねずみ》小《こ》僧《ぞう》見《み》つかっ……

ユイ!!
シュン!! ノブ!!
おっと 近《ちか》づくんじゃねぇ
くっそー ヒキョウだぞ! 鼠《ねずみ》小《こ》僧《ぞう》!! 早《はや》くユイを離《はな》して 盗《ぬす》んだ懐中《かいちゅう》時計《どけい》を返《かえ》して 自首《じしゅ》して 反省《はんせい》して まっとうに生《い》きろ ――
注文《ちゅうもん》多《おお》いなっ!!
しかし それだけ こだわってるってことは この時計《とけい》…… かなりの値《ね》打《う》ちもんだな?
そうとわかりゃあ ますます 渡《わた》すわけにはいかねえな

い……いや
そんなに大事《だいじ》でもないよ……
なーっ
うん
ウソつけーー!!
こ、あんパン……
じーーーっ
まさかあんパン投《な》げないよね?
投《な》げたりしないよね??
ね?
ゾクッ
いや…その… あの…
…はい…
くっそー……どうしたらいいんだ!?
これは食《た》べるもの!

不平等条約《ふびょうどうじょうやく》と鹿鳴館《ろくめいかん》

①日本《にほん》が結《むす》んだ不利《ふり》な条約《じょうやく》

江戸時代《えどじだい》の終《お》わりに幕府《ばくふ》がアメリカやヨーロッパの国々《くにぐに》と結《むす》んだ条約《じょうやく》は、日本《にほん》にとって不利《ふり》なものでした。外国《がいこく》からの輸入品《ゆにゅうひん》にかける税金《ぜいきん》を自分《じぶん》で決《き》める権利《けんり》（関税自主権《かんぜいじしゅけん》）がないので、外国《がいこく》の安《やす》い製品《せいひん》がどんどん入《はい》ってきて、日本《にほん》の産業《さんぎょう》は大《おお》きな打撃《だげき》を受《う》けました。
また、外国人《がいこくじん》が日本国内《にほんこくない》で罪《つみ》をおかしても、日本《にほん》の法律《ほうりつ》では裁《さば》けませんでした（領事裁判権《りょうじさいばんけん》）。

外国《がいこく》の言《い》うとおりに決《き》まるなんておかしいよ！
自分《じぶん》たちで決《き》めることができないといけないわ！

もの知りコラム

西洋人《せいようじん》は全員無事《ぜんいんぶじ》、日本人《にほんじん》は全員死亡《ぜんいんしぼう》……
ノルマントン号事件《ごうじけん》の悲劇《ひげき》

1886（明治《めいじ》19）年《ねん》、和歌山県沖《わかやまけんおき》で、横浜《よこはま》から神戸《こうべ》へ向《む》かっていたイギリスの貨物船《かもつせん》・ノルマントン号《ごう》が沈没《ちんぼつ》しました。
この時《とき》、西洋人《せいようじん》の乗組員《のりくみいん》は全員《ぜんいん》ボートに乗《の》って助《たす》かりましたが、日本人《にほんじん》の乗客《じょうきゃく》は全員《ぜんいん》、おぼれて死《し》んでしまいました。
イギリス人《じん》の船長《せんちょう》は、日本《にほん》ではなくイギリスの領事《りょうじ》に裁《さば》かれ、結局《けっきょく》、軽《かる》い罪《つみ》を受《う》けただけでした。
また、賠償金《ばいしょうきん》も払《はら》われませんでした。
これをきっかけに、不平等《ふびょうどう》条約《じょうやく》の改正《かいせい》を求《もと》める声《こえ》が高《たか》まりました。

ノルマントン号事件《ごうじけん》を描《えが》いた錦絵《にしきえ》
イギリス人《じん》の船長《せんちょう》は最初《さいしょ》は無罪《むざい》とされたため、国民《こくみん》から大《おお》きな非難《ひなん》が起《お》こった
早稲田大学図書館蔵

② 条約改正《じょうやくかいせい》を目指《めざ》して

不平等条約《ふびょうどうじょうやく》を改正《かいせい》するため、政府《せいふ》は使節団《しせつだん》を派遣《はけん》して交渉《こうしょう》したほか、さまざまな試《こころ》みを行《おこな》いました。鹿《ろく》鳴館《めいかん》で欧米《おうべい》の客《きゃく》を招《まね》いて舞踏会《ぶとうかい》を行《おこな》ったのも、その試《こころ》みのひとつです。欧米《おうべい》の文化《ぶんか》や生活様式《せいかつようしき》などを積極的《せっきょくてき》に取《と》り入《い》れ、文明国《ぶんめいこく》であることをアピールしようとしたのです。残念《ざんねん》ながらこの試《こころ》みはうまくいきませんでした。

しかし、1894（明治《めいじ》27）年《ねん》、イギリスと交渉《こうしょう》した外務大臣《がいむだいじん》・陸奥宗光《むつむねみつ》が、条約《じょうやく》の一部《いちぶ》を改正《かいせい》して領《りょう》事裁判権《じさいばんけん》をなくし、以後《いご》、ほかの国《くに》も続《つづ》きました。

明治時代《めいじじだい》のキーパーソン 8

不平等条約《ふびょうどうじょうやく》の改正《かいせい》に貢献《こうけん》

陸奥宗光《むつむねみつ》

★生没年《せいぼつねん》 1844～1897年《ねん》

紀州藩《きしゅうはん》（和歌山《わかやま》・三重県《みえけん》）出身《しゅっしん》の政治家《せいじか》。外《がい》務大臣《むだいじん》としてイギリスとの条約《じょうやく》の一部改正《いちぶかいせい》を実現《じつげん》し、後《のち》に＊日清戦争《にっしんせんそう》の講和交渉《こうわこうしょう》も行《おこな》った。

国立国会図書館ＨＰから

＊日清戦争《にっしんせんそう》（→172ページ）

舞踏会《ぶとうかい》を描《えが》いた錦絵《にしきえ》

連日《れんじつ》、華《はな》やかに舞踏会《ぶとうかい》や演奏会《えんそうかい》などが開《ひら》かれたが、西洋《せいよう》のまねをしてご機嫌《きげん》をとっていると批判《ひはん》する声《こえ》も多《おお》かった

楊洲周延「貴顕舞踏の略図」 Photo：Kobe City Museum/DNPartcom

えーっと…
長《なが》い針《はり》を2回《かい》まわしてセット…
あける?
No《ノー》 No《ノー》

8章《しょう》
鼠《ねずみ》小《こ》僧《ぞう》の捨《す》てゼリフ

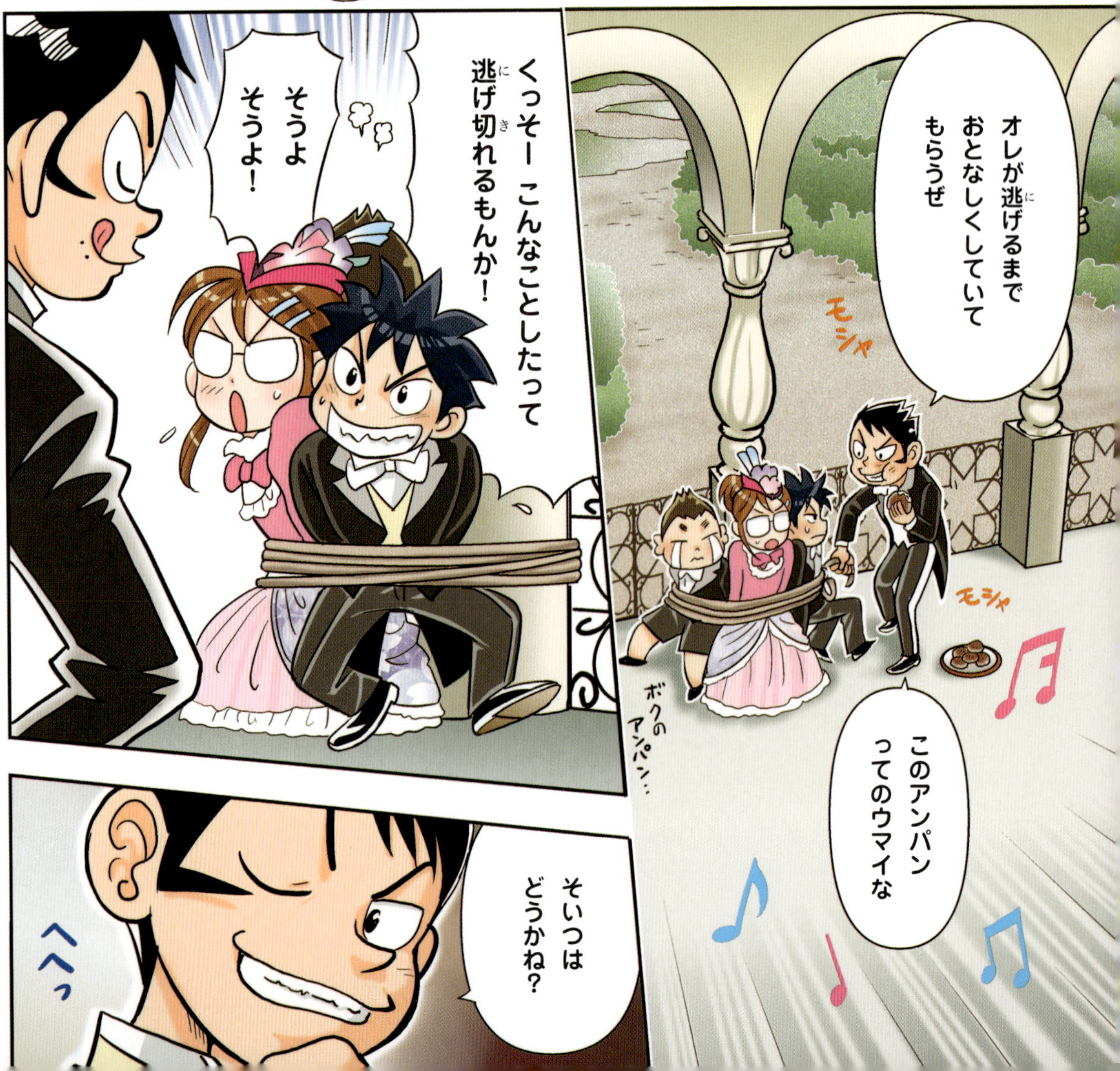
オレが逃《に》げるまでおとなしくしていてもらうぜ
モシャ
モシャ
ボクのアンパン…
このアンパンってのウマイな
くっそー こんなことしたって逃《に》げ切《き》れるもんか!
そうよそうよ!
そいつはどうかね?
へへっ

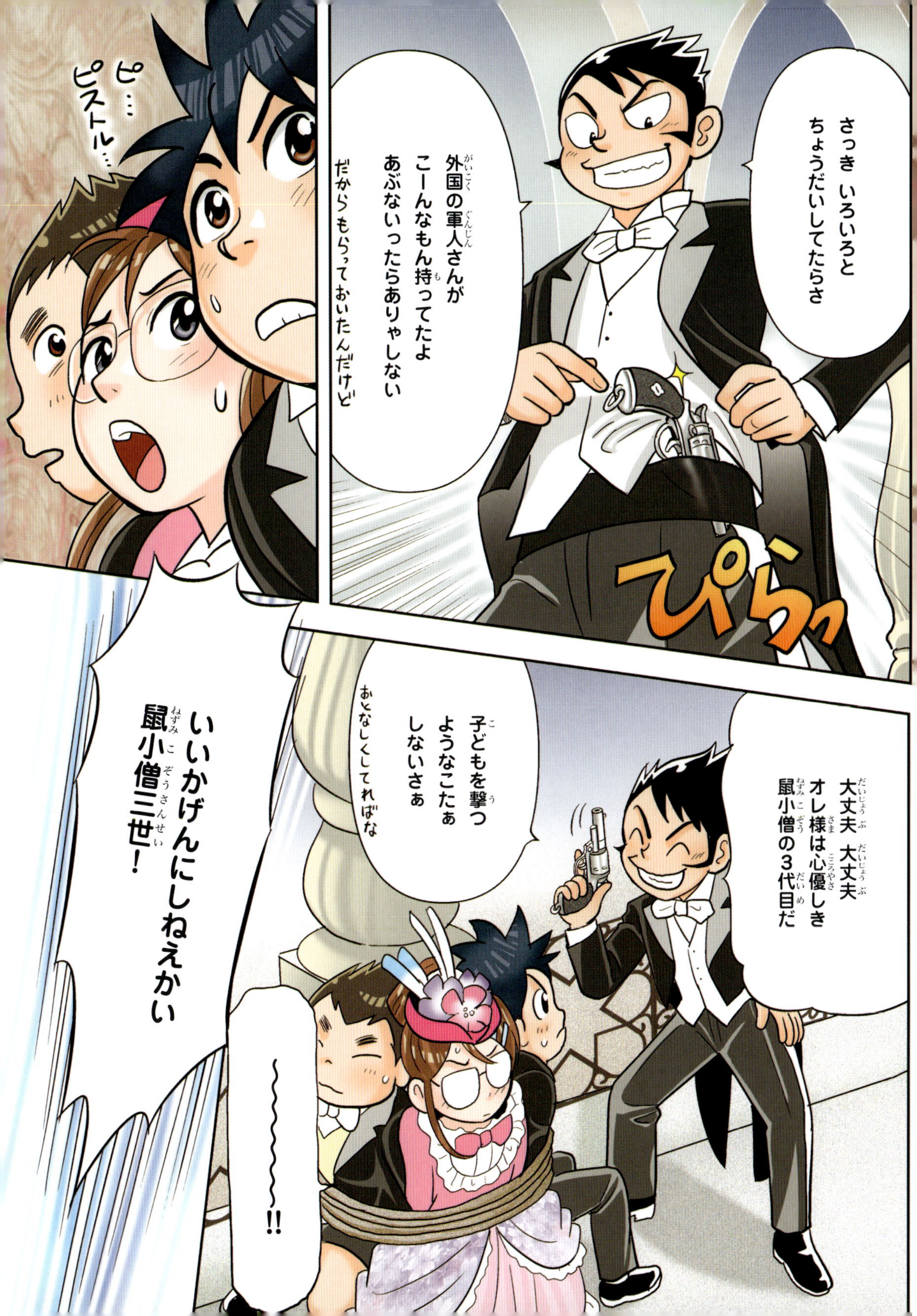
さっき いろいろと ちょうだいしてたらさ
外国《がいこく》の軍人《ぐんじん》さんが こーんなもん持《も》ってたよ あぶないったらありゃしない だからもらっておいたんだけど
ぴらっ
ピ…ピストル…
大丈夫《だいじょうぶ》 大丈夫《だいじょうぶ》 オレ様《さま》は心優《こころやさ》しき 鼠小僧《ねずみこぞう》の3代目《だいめ》だ
子《こ》どもを撃《う》つようなこたぁ しないさぁ おとなしくしてればな
いいかげんにしねえかい 鼠小僧三世《ねずみこぞうさんせい》!
〜〜〜〜!!

もう逃《に》げられっこねえ！
素直《すなお》に盗《ぬす》んだもの返《かえ》してつかまりな！
べーっ イヤなこった！
伊藤《いとう》博文《ひろぶみ》っ!!
コイツ!!
伊藤《いとう》さん 気《き》をつけて鼠小僧《ねずみこぞう》はピストルを！
ズキュ!

どうやら私《わたし》を本気《ほんき》で怒《おこ》らせたようだな……
今《いま》はワザと外《はず》したんだよ? 次《つぎ》は腹《はら》に穴《あな》があくぜ～
スタッ
しっ!
そのピストルには見覚《みおぼ》えがあるぞ
たしか フランス軍《ぐん》のピエールさんが持《も》っていたもの……

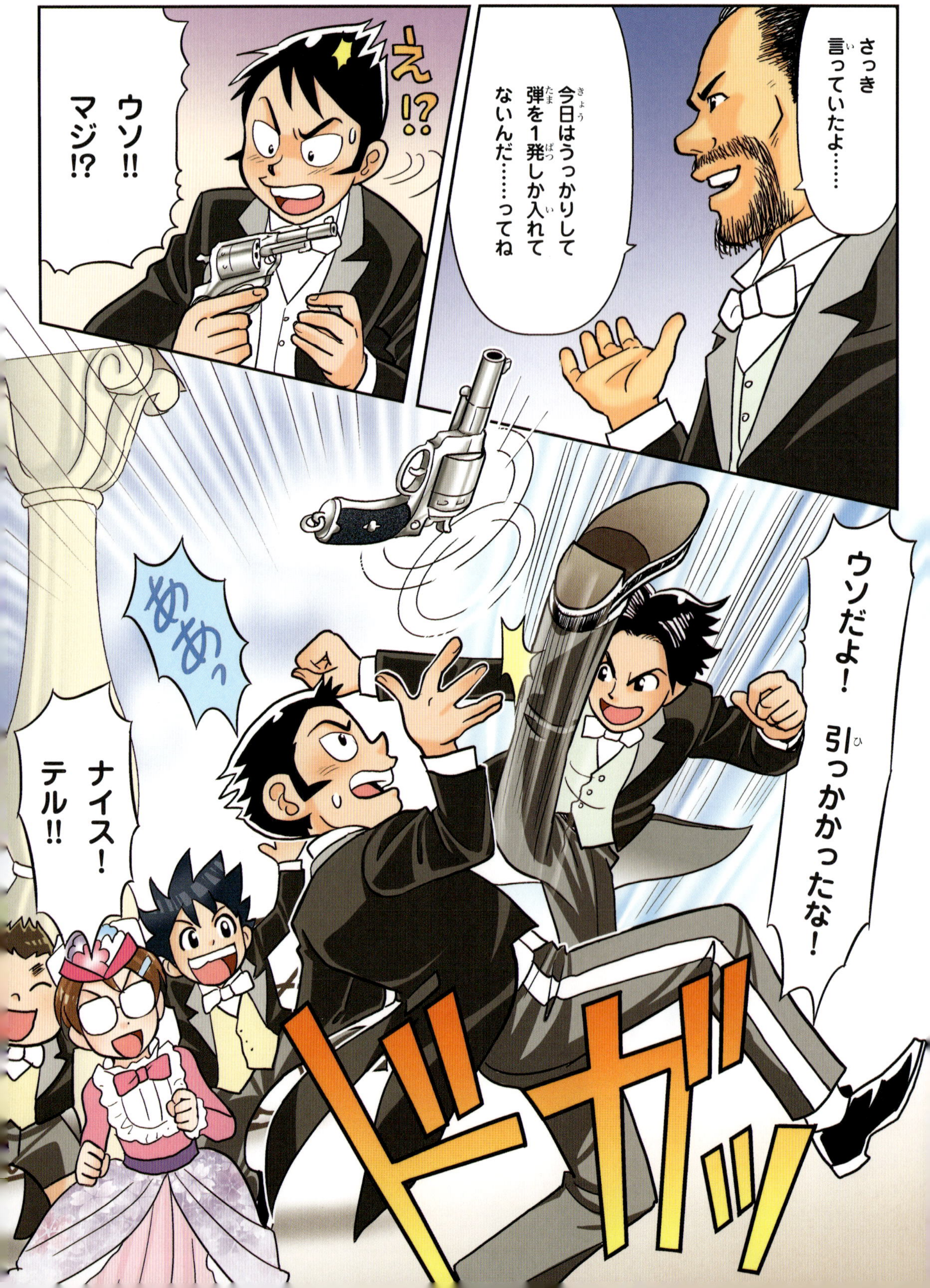
さっき
言《い》っていたよ……
今日《きょう》はうっかりして
弾《たま》を1発《ぱつ》しか入《い》れて
ないんだ……ってね
え!?
ウソ!!
マジ!?
ウソだよ!
引《ひ》っかかったな!
ああっ
ナイス!
テル!!
ドガッ

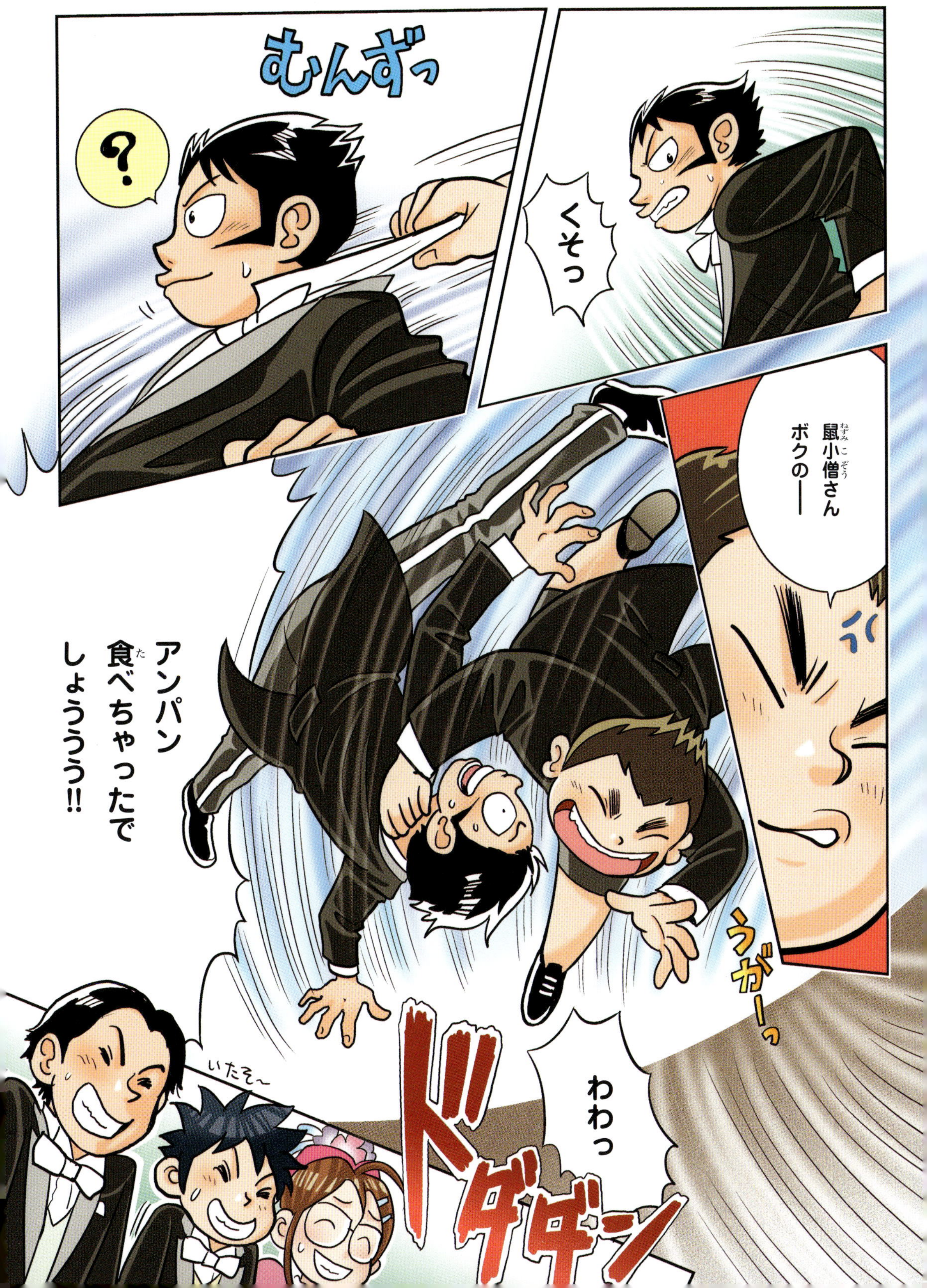
くそっ
むんずっ
?
鼠小僧《ねずみこぞう》さん
ボクの――
アンパン
食《た》べちゃったでしょううう!!
うがーっ
わわっ
ドダダン
いたそ～

ぐ～
イテテ
くそっ!
ばんっ
あっ
さぁ オレたちの懐中時計《かいちゅうどけい》を返《かえ》せ!
ちぃ…
バッ
イヤだね!
待《ま》て!

返《かえ》せー!!
ぐらん
階段《かいだん》に行《い》ったぞ!
だだっ
ダッ
ダダッ
あっ
逃《に》げてもムダだ!!
キキーーッ
つかまえたぞ
鼠小僧《ねずみこぞう》
がしっ

さあ 盗《ぬす》んだ ものを出《だ》せ!!
しっ 知《し》らねーよ!!
ぐいっ
なっ…… 何《なに》をする
ユサ
ユサ
出《だ》さないなら こうしてやる!
ぐわっ
やめろっ
ポロ
ポロ
あっ
じゃら
じゃら
ゴトン

あった!!
懐中《かいちゅう》時計《どけい》!!
おおっ!
よかったな!
ん?
すぽっ
あっ
ドタタタタ
あー スマン
スマン

ちっ……ちくしょう
伊藤博文《いとうひろぶみ》っ!!
覚《おぼ》えてろよっ!!
いつか おまえの「晴《は》れ舞台《ぶたい》」で
思《おも》いっきり恥《はじ》を
かかせてやるからなー!!
……
晴《は》れ舞台《ぶたい》…?
あっ
逃《に》げたっ!!
ピュー
ぴょん
ぴょん
ホント……
逃《に》げ足《あし》
速《はや》いよな~
もう つかまえられないよ…

何《なに》はともあれ よかったな! 時計《とけい》を取《と》り戻《もど》せて
はいっ!
ありがとう オジサン!
テルも ありがとう
これで おまえたちとも お別《わか》れだな また会《あ》えて うれしかったぞ
あの泣《な》き虫《むし》が こんなに立派《りっぱ》に なるとはねー
そうそう! こいつは泣《な》き虫《むし》だったな
ちょっ…
伊《い》藤《とう》総《そう》理《り》 まで…… もう!
プッ
ハハハ
ハハハ
さて――

そろそろ行《い》くか
テル！
早《はや》く憲法草案《けんぽうそうあん》をまとめねばな
どうもここは落《お》ちつかなくていかん…
はい！
じゃあね！
さようならー
達者《たっしゃ》でなー
パカラッ
パカッ
パカラ
………
……
？
どうした？ ユイ
おなかすいた？
さっき鼠小僧《ねずみこぞう》が言《い》った言葉《ことば》がなんか気《き》になって—
おまえの晴《は》れ舞台《ぶたい》で恥《はじ》をかかせてやる!!

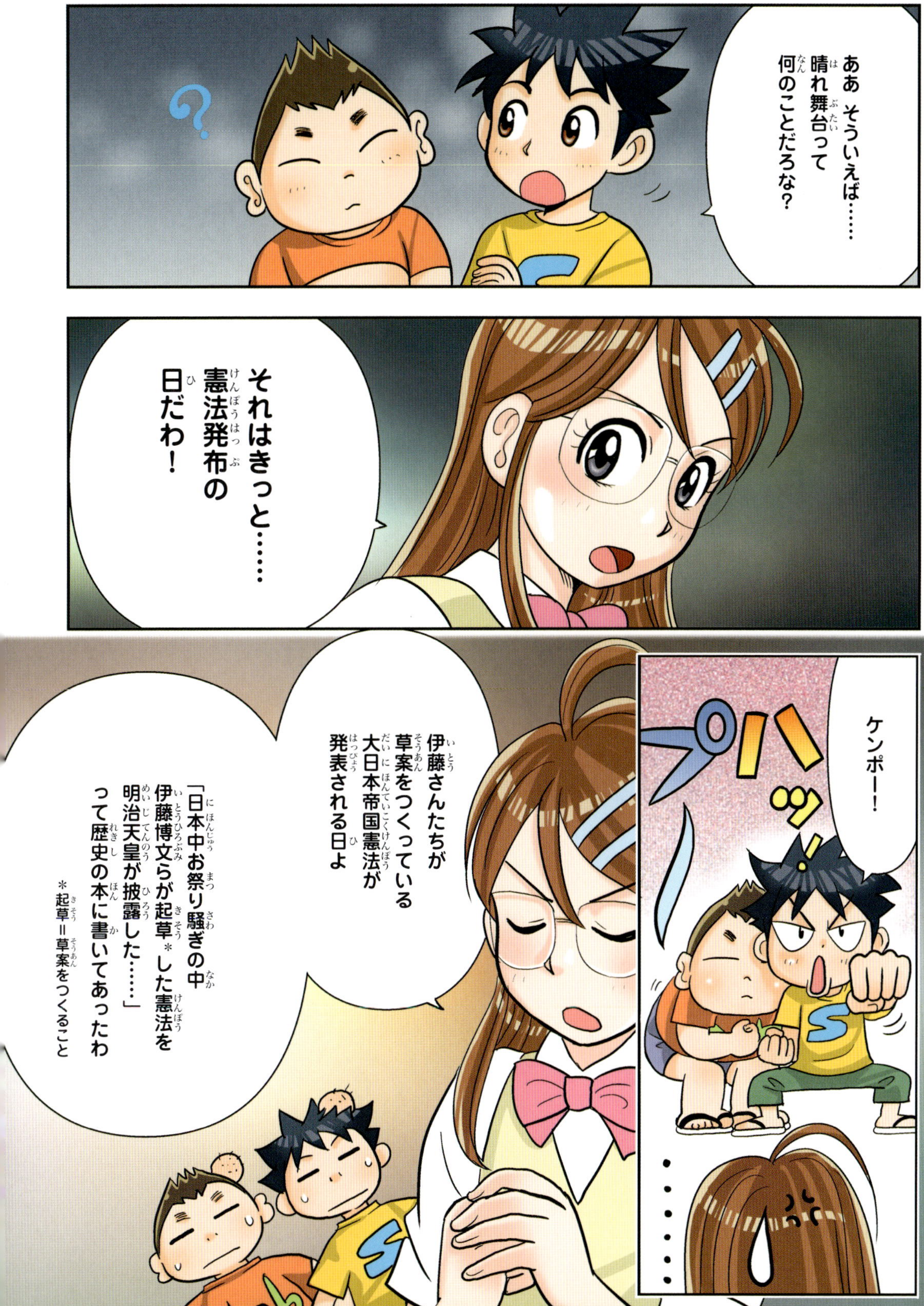
ああ　そういえば……
晴《は》れ舞台《ぶたい》って
何《なん》のことだろな？
それはきっと……
憲法発布《けんぽうはっぷ》の
日《ひ》だわ！
ケンポー！
ハッ！
……
伊藤《いとう》さんたちが
草案《そうあん》をつくっている
大日本帝国憲法《だいにほんていこくけんぽう》が
発表《はっぴょう》される日《ひ》よ
「日本中《にほんじゅう》お祭《まつ》り騒《さわ》ぎの中《なか》
伊藤博文《いとうひろぶみ》らが起草《きそう》＊した憲法《けんぽう》を
明治天皇《めいじてんのう》が披露《ひろう》した……」
って歴史《れきし》の本《ほん》に書《か》いてあったわ
＊起草《きそう》＝草案《そうあん》をつくること

そんなところで恥《はじ》をかかされるなんて
こっ…これは牛鍋《ぎゅうなべ》屋《や》のメニューではないか!!
ガーン
牛肉《ぎゅうにく》
ネギ
たまご
メニュー
牛鍋
ワハハハ
やーい
高《たか》すぎて登《のぼ》れないだろ～
ワハハ
ご…ごちそうが多《おお》すぎて食《た》べきれません…
やーい食《た》べもの残《のこ》すのかー?
ワハハ
ヒドイ…残《のこ》すなんて…
でそのケンコウシップの日《ひ》っていつなんだ?
おまえたち…
ケンポウハップ…
1889年《ねん》2月《がつ》11日《にち》よ!!

よし！ じゃあ その日《ひ》にタイムスリップしようぜ！
鼠小僧《ねずみこぞう》をつかまえるんだ！
いいの？
うん!!
伊藤《いとう》さんに恥《はじ》はかかせられない!!
残《のこ》さず食《た》べてほしいもん
ノブ!?
えっと 今《いま》から2年後《ねんご》ね
よし！ セットはこれでOK《オーケイ》のハズよ
コク
パカッ
じゃ ノブ…… 頼《たの》むぜ
ヒュルルルルル

明治時代《めいじじだい》の生活《せいかつ》をのぞいてみよう！

明治時代《めいじじだい》は、欧米《おうべい》の文化《ぶんか》を取《と》り入《い》れて、世《よ》の中《なか》が大《おお》きく変《か》わった時代《じだい》です。人々《ひとびと》の生活《せいかつ》にどんな変化《へんか》があったのか、当時《とうじ》の史料《しりょう》から見《み》てみましょう。

いろいろな
髪《かみ》のオシャレが
あったのね！

ヘアスタイル

1872（明治《めいじ》5）年頃《ねんごろ》のさまざまな髪形《かみがた》

江戸時代《えどじだい》の男性《だんせい》の髪形《かみがた》・チョンマゲは、欧米《おうべい》の人々《ひとびと》にはとてもおかしく見《み》えた。そこで政府《せいふ》は、チョンマゲを切《き》って短《みじか》くした髪形《かみがた》（ザンギリ頭《あたま》）をすすめ、「ザンギリ頭《あたま》をたたいてみれば、文明開化《ぶんめいかいか》の音《おと》がする」と歌《うた》われるようにもなった。最初《さいしょ》はなかなか広《ひろ》まらなかったが、明治《めいじ》の中頃《なかごろ》にはチョンマゲ姿《すがた》はあまり見《み》られなくなった

石井研堂『明治事物起源』から
国立国会図書館蔵

食《た》べる

「牛鍋《ぎゅうなべ》」を食《た》べる人《ひと》

日本《にほん》では江戸時代《えどじだい》まで、牛肉《ぎゅうにく》を食《た》べる習慣《しゅうかん》はほとんどなかった。しかし明治時代《めいじじだい》になると、鍋《なべ》の材料《ざいりょう》として牛肉《ぎゅうにく》を使《つか》った「牛鍋《ぎゅうなべ》」がヒットし、広《ひろ》まった。政府《せいふ》が日本人《にほんじん》の体格向上《たいかくこうじょう》のために推進《すいしん》したこともあり、「牛肉食《ぎゅうにくく》わぬは開《ひら》けぬやつ」ともいわれた

仮名垣魯文『安愚楽鍋』から
国立国会図書館蔵

牛鍋《ぎゅうなべ》は
なぜこんなに
おいしいのか？

買《か》う

三井呉服店《みついごふくてん》（現在《げんざい》の三越《みつこし》）のポスター

江戸時代《えどじだい》までの商店《しょうてん》は、店頭《てんとう》に品物《しなもの》はなく、店員《てんいん》が客《きゃく》の話《はなし》を聞《き》いて持《も》ってくる「座売《ざう》り」だった。しかし、三井呉服店《みついごふくてん》が、このポスターの上《うえ》の絵《え》のように、品物《しなもの》を店頭《てんとう》に並《なら》べて客《きゃく》が自由《じゆう》に見《み》られる「陳列方式《ちんれつほうしき》」を始《はじ》めて大好評《だいこうひょう》となり、多《おお》くの店《みせ》に広《ひろ》まった。三井呉服店《みついごふくてん》は1904（明治《めいじ》37）年《ねん》に日本初《にほんはつ》の百貨店《ひゃっかてん》（デパート）・三越呉服店《みつこしごふくてん》となり、やがて次々《つぎつぎ》と百貨店《ひゃっかてん》が誕生《たんじょう》。百貨店《ひゃっかてん》はさまざまな商品《しょうひん》を売《う》り、展覧会《てんらんかい》なども行《おこな》う、最先端《さいせんたん》の文化《ぶんか》の発信基地《はっしんきち》になった

早稲田大学図書館蔵

遊《あそ》ぶ

明治時代《めいじじだい》のおもちゃ
「回転活動画《かいてんかつどうが》」

明治時代《めいじじだい》には欧米《おうべい》のおもちゃも輸入《ゆにゅう》された。これは、イギリスで発明《はつめい》された「回転活動画《かいてんかつどうが》」で、「ゾートロープ」ともいい、回転《かいてん》させてスリットの間《あいだ》からのぞくと絵《え》が動《うご》いて見《み》える。日本《にほん》では「回《まわ》り灯籠《どうろう》」ともいわれた

兵庫県立歴史博物館蔵
（入江コレクション）

デザート

家庭《かてい》でアイスクリームをつくっている様子《ようす》

日本初《にほんはつ》のアイスクリーム店《てん》は、1869（明治《めいじ》2）年《ねん》に横浜《よこはま》・馬車道通《ばしゃみちどお》りにできた。当時《とうじ》の名前《なまえ》は「あいすくりん」。その後《ご》、各地《かくち》で販売《はんばい》されるようになったものの、値段《ねだん》が高《たか》かったので、家庭《かてい》でもつくられた。材料《ざいりょう》の砂糖《さとう》、牛乳《ぎゅうにゅう》などを入《い》れた茶筒《ちゃづつ》を、氷《こおり》と塩《しお》を詰《つ》めた桶《おけ》に入《い》れて回転《かいてん》させてつくったそうだ

村井弦斎『食道楽』から　国立国会図書館蔵

9章《しょう》
憲法発布《けんぽうはっぷ》の式典《しきてん》へ！

大《だい》日《に》本《ほん》帝《てい》国《こく》憲《けん》法《ぽう》は
明《めい》治《じ》憲《けん》法《ぽう》ともいうんだって

ふぎゃ
ドタッ
ドッ
イテテ…
着《つ》いたみたいだな
ノ……ノブ
大《だい》丈《じょう》夫《ぶ》!?

ユラ
ユラ
また すごく
細《ほそ》くなっちゃって——
わざとまちがえてない?
……それ
ガス灯《とう》だから……
ちゃんと
憲法発布《けんぽうはっぷ》の
日《ひ》に着《つ》いたかな?
ワイ
ワイ
んー
と……
とてちてしゃん
何《なに》か
あったのかしら?
ワァ
ワイ
すっげえ
騒《さわ》ぎだなっ!

もしかして憲法《けんぽう》発布《はっぷ》のお祝《いわ》い?
聞《き》いてみよう
おーい!!
いやあ めでてぇ めでてぇ
ねぇねぇ なんで騒《さわ》いでるの?
なんだ そんなことも知《し》らねぇのかい?
は…… はい
オレも知《し》らねぇ
キッパリ

とにかく めでてぇことが あるってんだから 騒《さわ》ごうじゃねーか！ な！
めでてぇや めでてぇや
ア・ソレ
オッペケペーときたもんだ
なんだよ それ…… いいかげんなやつ だなっ
憲法《けんぽう》が発布《はっぷ》されるん ですよ
やっぱりそうなんだ！ ありがと！
もっとも まだ どんな内容《ないよう》かも 知《し》らない人《ひと》が 多《おお》いけどね

テル!!
シュン ユイ ノブ また会《あ》えたな
私《わたし》たち……鼠小僧《ねずみこぞう》が伊藤《いとう》さんをねらうんじゃないかと思《おも》って……
私《わたし》も同《おな》じだ おまえたちが来《き》てくれて頼《たよ》りになるよ
へへっ
力《ちから》になるぜ!
では 憲法発布《けんぽうはっぷ》の式典《しきてん》に行《い》こう

明治宮殿《めいじきゅうでん》(現在《げんざい》の皇居《こうきょ》)
ここだ……
カパパ
ふぇ〜 おじゃましまーす
泥棒《どろぼう》ー!!

だっ……
だれか!
タタタタタタ
そいつを
つかまえてくれ!!
待《ま》て!!
憲法《けんぽう》を返《かえ》しなさい!!
憲法《けんぽう》泥棒《どろぼう》だー!!
鼠《ねずみ》小《こ》僧《ぞう》っ!!
ちっ
まーた
おまえらか

ん？
おおっ！ おまえたちは いつぞやの……
何《なに》をして いるのだ？
伊藤《いとう》さん!! 鼠小僧《ねずみこぞう》が憲法《けんぽう》を 盗《ぬす》んだんです!!
なんだと!? また おまえか？ 鼠小僧《ねずみこぞう》
べーっ
うるせー ほしいもんなら 何度《なんど》でもうばうのよ
しかし こんなに警備《けいび》が 厳重《げんじゅう》な場所《ばしょ》に入《はい》って 盗《ぬす》みをはたらくとは……
「飛《と》んで火《ひ》に入《い》る 夏《なつ》の虫《むし》」とは このことだぞ？ 鼠小僧《ねずみこぞう》

へん！ べつに オレは これがほしいワケ じゃねぇ
おまえらが 作《つく》り上《あ》げた この憲法《けんぽう》を――
世間《せけん》が大注目《だいちゅうもく》している この晴《は》れ舞台《ぶたい》で――
シュッ
こうするために 参上《さんじょう》したのさ！

なっ……
バカなの？
そんなことしてどうなるっていうんだ
たわけ者《もの》が!!
大切《たいせつ》なのは その巻物《まきもの》ではない！ 法《ほう》に従《したが》うという精神《せいしん》と それを守《まも》る国民《こくみん》こそが重要《じゅうよう》なのだ!!
うるさい うるさーーーい！
これを燃《も》やしてほしくなかったら――伊藤《いとう》っ!!
それから―― 坊主《ぼうず》っ!!
え？ オレ？

おまえらふたり
ここでズボンを
脱《ぬ》げっ！
は？
ん？
おまえたち ふたりとも！
このオレのズボンを脱《ぬ》がせたじゃ
ね――――か――――!!
忘《わす》れたとは
言《い》わせねーぞー

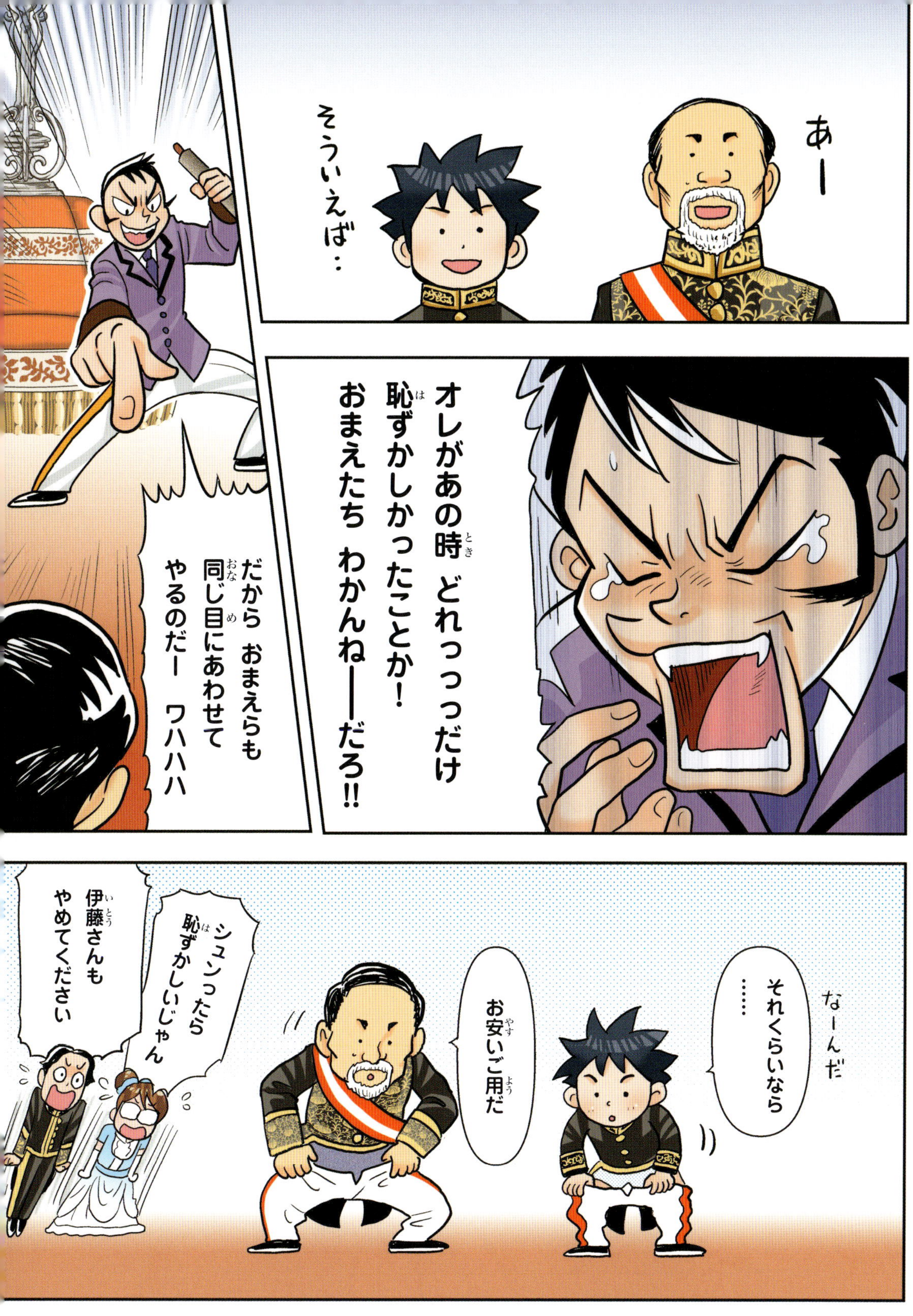

あー
そういえば‥
オレがあの時《とき》 どれっっっだけ恥《は》ずかしかったことか! おまえたち わかんねーーだろ!!
だから おまえらも 同《おな》じ目《め》にあわせて やるのだー ワハハハハ
なーんだ
それくらいなら……
お安《やす》いご用《よう》だ
シュンったら 恥《は》ずかしいじゃん
伊藤《いとう》さんも やめてください

そんなくだらないことで
憲法《けんぽう》を盗《ぬす》んだのか!?
はーー
ばかばかしい!
さっさと返《かえ》せ
なっ……
なにを――!?
早《はや》く戻《もど》って 晩《ばん》さん会《かい》の
料理《りょうり》のしたくをしなきゃ
いけないんだ!
料理《りょうり》
食《た》べられ
ないぞっ!
ええ!?
なんで
来たの?
ぬぬぬぬ〜
どいつもこいつも
ぬうう
オレのこと ばかに
しやがって〜〜

こんなもの燃《も》やしてやる————!!

大日本帝国憲法《だいにほんていこくけんぽう》と議会《ぎかい》の始《はじ》まり

①ドイツを手本《てほん》に憲法《けんぽう》づくり

政府《せいふ》は、憲法《けんぽう》にもとづいた政治《せいじ》（立憲政治《りっけんせいじ》）を行《おこな》おうと考《かんが》えました。

初代総理大臣《しょだいそうりだいじん》の伊藤博文《いとうひろぶみ》を中心《ちゅうしん》に、君主《くんしゅ》の権力《けんりょく》が強《つよ》いドイツの憲法《けんぽう》を手本《てほん》にして憲法《けんぽう》づくりが進《すす》められました。そして、1889（明治《めいじ》22）年《ねん》に、天皇《てんのう》が国民《こくみん》に与《あた》える形《かたち》で大日本帝国憲法《だいにほんていこくけんぽう》が発布《はっぷ》されました。

明治時代《めいじじだい》のキーパーソン 9

大日本帝国憲法制定《だいにほんていこくけんぽうせいてい》の中心人物《ちゅうしんじんぶつ》

伊藤博文《いとうひろぶみ》

★生没年《せいぼつねん》1841～1909年《ねん》
長州藩《ちょうしゅうはん》（山口県《やまぐちけん》）出身《しゅっしん》の政治家《せいじか》。1885（明治《めいじ》18）年《ねん》に内閣制度《ないかくせいど》ができて初代総理大臣《しょだいそうりだいじん》に就任《しゅうにん》し、大日本帝国憲法制定《だいにほんていこくけんぽうせいてい》の中心《ちゅうしん》となる。

国立国会図書館ＨＰから

憲法発布《けんぽうはっぷ》の式典《しきてん》が終《お》わり、皇居《こうきょ》から出《で》かける天皇一行《てんのういっこう》を描《えが》いた錦絵《にしきえ》
街《まち》はイルミネーションで飾《かざ》られ、仮装行列《かそうぎょうれつ》や山車《だし》も出《で》てにぎわった。国旗《こっき》がたくさん売《う》れて祝賀《しゅくが》ムードに沸《わ》いたが、大日本帝国憲法《だいにほんていこくけんぽう》の内容《ないよう》を知《し》っている人《ひと》は少《すく》なかったという

衆議院憲政記念館蔵

大日本帝国憲法《だいにほんていこくけんぽう》と日本国憲法《にほんこくけんぽう》の違《ちが》い

大日本帝国憲法《だいにほんていこくけんぽう》で国民《こくみん》の権利《けんり》が認《みと》められたが、現在《げんざい》の日本国憲《にほんこくけん》法《ぽう》と比《くら》べると制限《せいげん》があった。また、国《くに》の主権《しゅけん》は国民《こくみん》ではなく天《てん》皇《のう》にあり、軍隊《ぐんたい》があるなどの違《ちが》いもみられる。国民《こくみん》は「臣民《しんみん》(天皇《てんのう》に支配《しはい》される人民《じんみん》)」と呼《よ》ばれた

大日本帝国憲法《だいにほんていこくけんぽう》 1889年《ねん》2月《がつ》11日発布《にちはっぷ》		日本国憲法《にほんこくけんぽう》 1946年《ねん》11月《がつ》3日公布《みっかこうふ》
天皇《てんのう》	主権《しゅけん》	国民《こくみん》
国《くに》を統治《とうち》する存在《そんざい》で、議会《ぎかい》や内閣《ないかく》に承認《しょうにん》されなくても議会《ぎかい》の解散《かいさん》などができる	天皇《てんのう》	国《くに》の象徴《しょうちょう》で、政治上《せいじじょう》の権力《けんりょく》はない
天皇《てんのう》が率《ひき》い、国民《こくみん》には兵士《へいし》になる義務《ぎむ》がある	軍隊《ぐんたい》	軍隊《ぐんたい》を持《も》たず、戦争《せんそう》を放棄《ほうき》する
法律《ほうりつ》の範囲内《はんいない》において、言論《げんろん》、集会《しゅうかい》、信教《しんきょう》の自由《じゆう》などを認《みと》める	国民《こくみん》の権利《けんり》	すべての国民《こくみん》が生《う》まれながらにして、いかなるものにも侵害《しんがい》されない権利《けんり》を持《も》つ

もの知りコラム

理想《りそう》の国《くに》づくりを目指《めざ》して
民間人《みんかんじん》も憲法草案《けんぽうそうあん》をつくった

政府《せいふ》が憲法《けんぽう》を制定《せいてい》する前《まえ》に、民間《みんかん》でも、自由民権運動《じゆうみんけんうんどう》の活動家《かつどうか》や知識人《ちしきじん》などが、自分《じぶん》たちの理想《りそう》とする国《くに》づくりを目指《めざ》して、多《おお》くの憲法草案《けんぽうそうあん》(原案《げんあん》)を作成《さくせい》しました。君《くん》主《しゅ》があまり政治《せいじ》に参加《さんか》しないイギリスの憲法《けんぽう》に似《に》たものや、五日市憲法草案《いつかいちけんぽうそうあん》のように、学校《がっこう》の先生《せんせい》たちの手《て》でつくられたものもありました。

② 初《はつ》の選挙《せんきょ》! 初《はつ》の議会《ぎかい》!

大日本帝国憲法《だいにほんていこくけんぽう》には、国会《こっかい》にあたるものとして、皇《こう》族《ぞく》・華族《かぞく》などからなる貴族院《きぞくいん》と、選挙《せんきょ》で選《えら》ばれた議員《ぎいん》からなる衆議院《しゅうぎいん》の2つの議院《ぎいん》(帝国議会《ていこくぎかい》)を置《お》くことが定《さだ》められていました。

1890(明治《めいじ》23)年《ねん》7月《がつ》には第《だい》1回衆議院議員総《かいしゅうぎいんぎいんそう》選挙《せんきょ》が行《おこな》われ、300人《にん》の議員《ぎいん》が選《えら》ばれました。ただし、投票《とうひょう》できたのは、満《まん》25歳以上《さいいじょう》で、直接国税《ちょくせつこくぜい》15円《えん》以上《いじょう》を納《おさ》めている男子《だんし》に限《かぎ》られ、全人口《ぜんじんこう》の約《やく》1%に過《す》ぎませんでした。

同年《どうねん》11月《がつ》には第《だい》1回帝国議会《かいていこくぎかい》が開《ひら》かれ、憲法《けんぽう》と議《ぎ》会《かい》による政治《せいじ》が始《はじ》まりました。

せっかく国民《こくみん》が政治《せいじ》に参加《さんか》できるようになったのに選挙権《せんきょけん》が約《やく》1%だけなんて残念《ざんねん》
憲法

10章《しょう》

憲法《けんぽう》を守《まも》れ！

フッ
あれ？
ふーーっ
晩《ばん》さん会《かい》!!
ごちそう!!
準備《じゅんび》の
ジャマ
しちゃダメ!!

今《いま》だっ!!
うりゃああ
ターンッ
いけ！シュン
ゲッ
ゴロゴロゴロゴロ
わーっ

取《と》り戻《もど》したわ
ぱしっ
ケンポー
秘《ひ》技《ぎ》
どんっ
ハッ
ぐはっ

ふがっ
うーん‥
まっ…
まいった……
ドタ
ぎゃふん
でかしたぞ
3人組《にんぐみ》!!
やったあ

ザワ
ザワ
つかまっちまったら
仕方《しかた》ねぇ……
煮《に》るなり焼《や》くなり
好《す》きにしてくれ……
そうは
いかんなぁ
どっ……
どういうことだ!?

憲法《けんぽう》ができたからだ
憲法《けんぽう》がない時代《じだい》は 殿様《とのさま》の気《き》まぐれで 罪人《ざいにん》が 殺《ころ》されても文句《もんく》は言《い》えなかった
――でもな……
!?

国《くに》の根本《こんぽん》の決《き》まりである憲法《けんぽう》ができれば　違《ちが》う！
国民《こくみん》の権利《けんり》もちゃんと保障《ほしょう》される
―だから私《わたし》が勝手《かって》に国民《こくみん》であるおまえを煮《に》たり焼《や》いたりすることなどできないのだよ

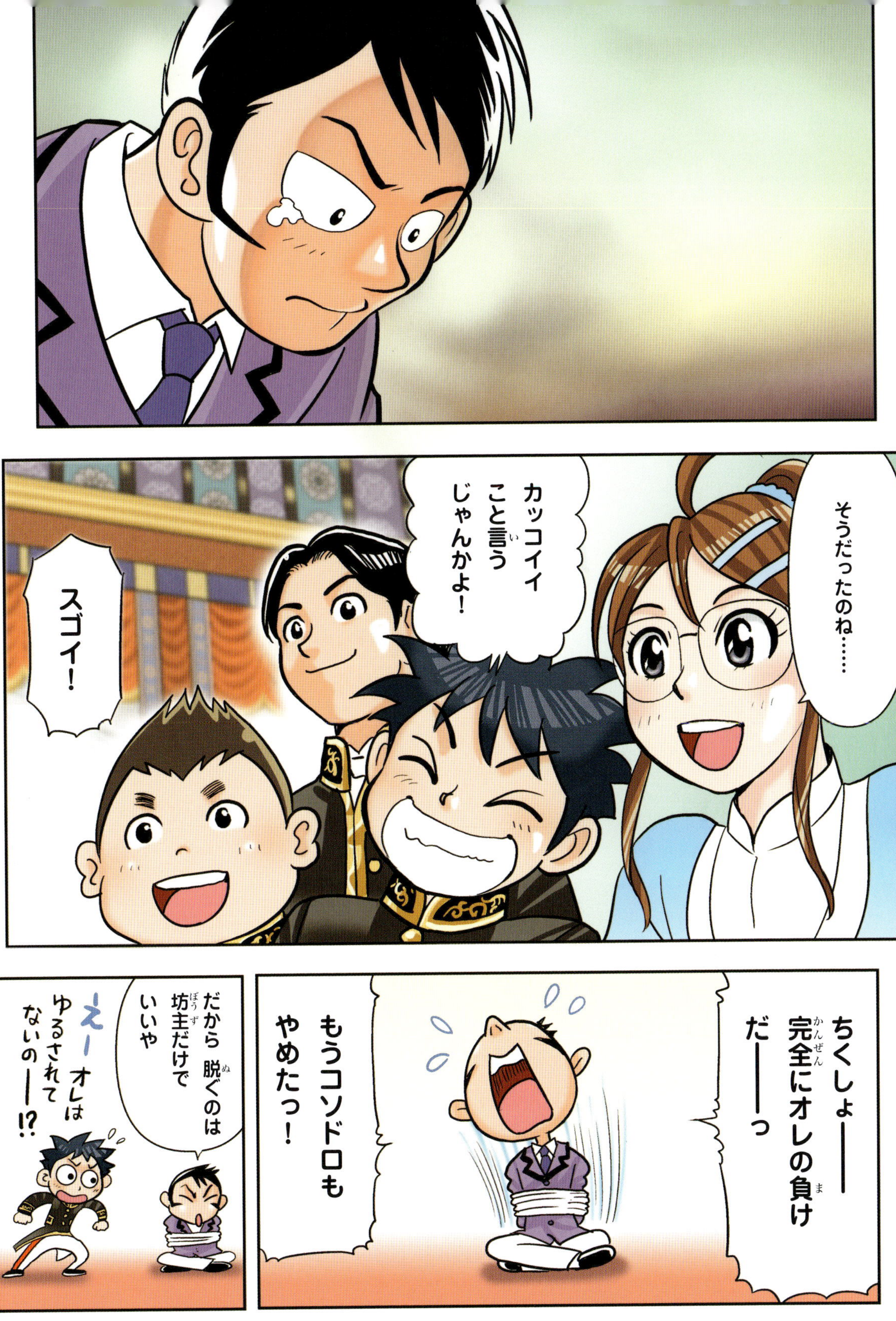
そうだったのね……
カッコイイこと言《い》うじゃんかよ!
スゴイ!
ちくしょ―― 完全《かんぜん》にオレの負《ま》けだ――っ
もうコソドロもやめたっ!
だから 脱《ぬ》ぐのは坊主《ぼうず》だけでいいや
え― オレはゆるされてないの――!?

そして 明治天皇《めいじてんのう》により
大日本帝国憲法《だいにほんていこくけんぽう》は発布《はっぷ》された……
朕国家《ちんこっか》ノ隆昌《りゅうしょう》ト
明治天皇《めいじてんのう》

臣民《しんみん》ノ慶福《けいふく》トヲ以《もっ》テ…

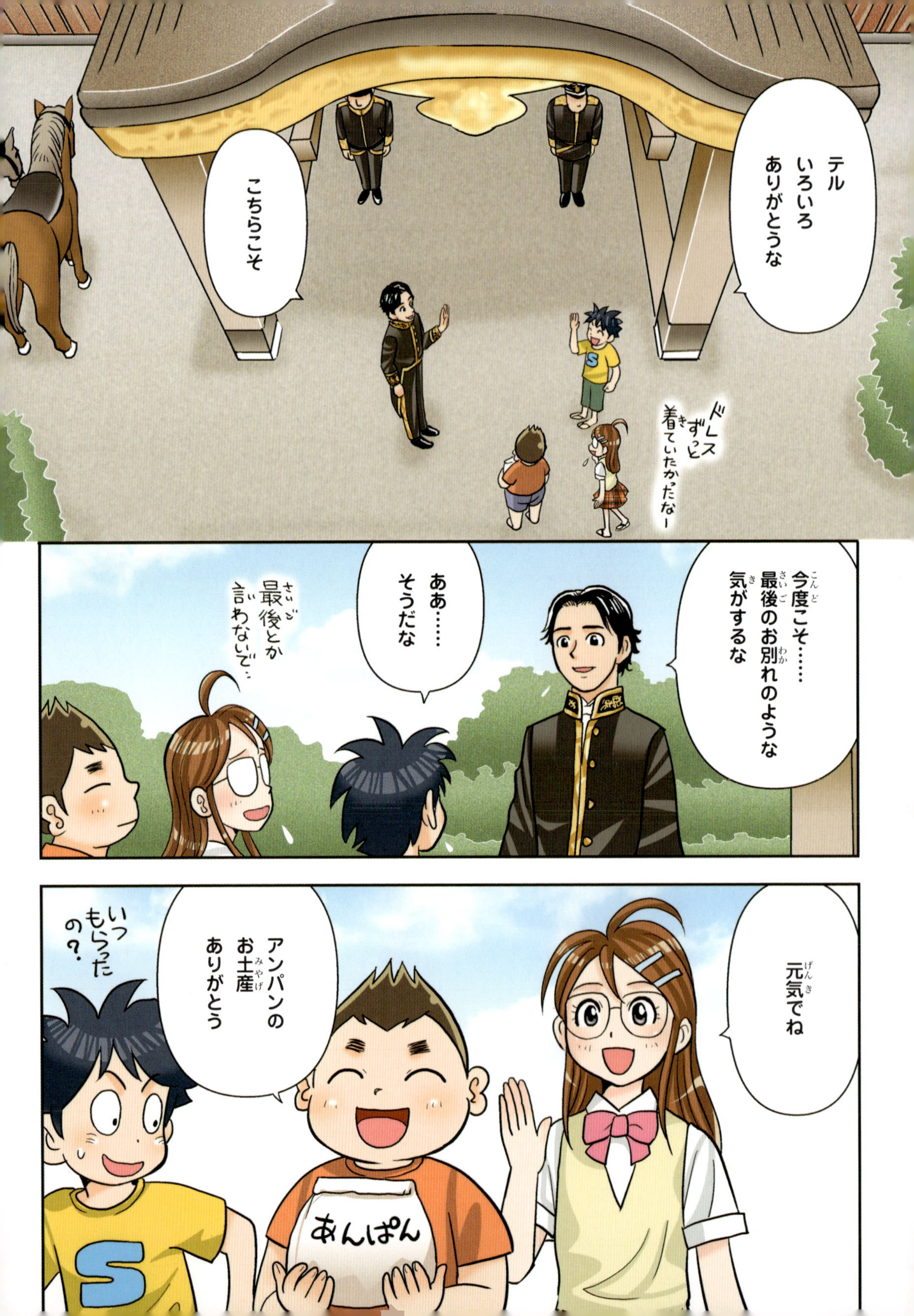
テル いろいろ ありがとうな
こちらこそ
ドレス ずっと 着《き》ていたかったなー
今度《こんど》こそ…… 最後《さいご》のお別《わか》れのような 気《き》がするな
ああ…… そうだな
最後《さいご》とか 言《い》わないで…
元気《げんき》でね
アンパンの お土産《みやげ》 ありがとう
いつ もらったの？
あんぱん

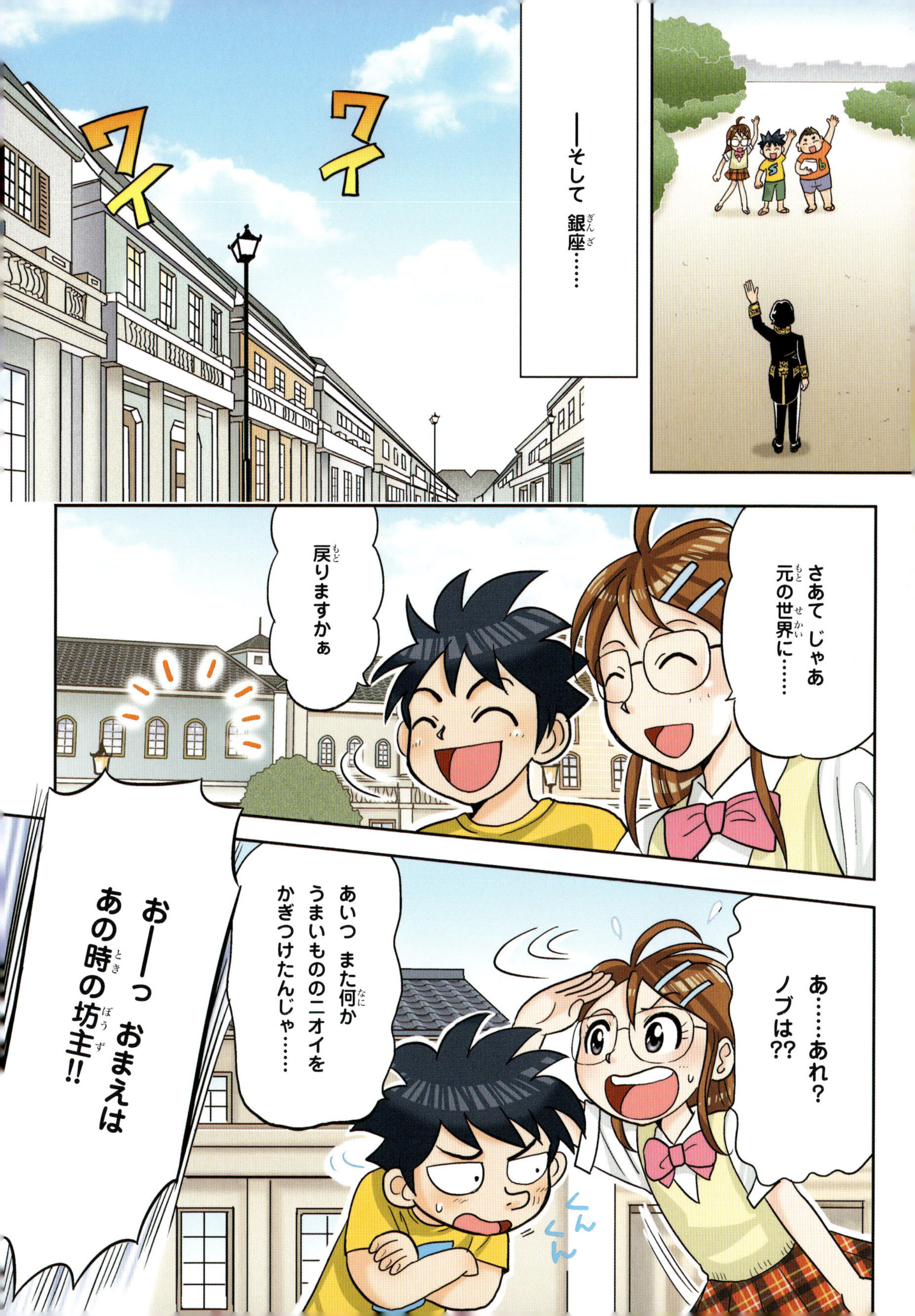
——そして 銀座《ぎんざ》……
ワイ
ワイ
さあて じゃあ 元《もと》の世界《せかい》に……
戻《もど》りますかぁ
あ……あれ? ノブは??
あいつ また何《なに》か うまいもののニオイを かぎつけたんじゃ……
くん くん
おーーっ おまえは あの時《とき》の坊主《ぼうず》!!

あ！
牛鍋《ぎゅうなべ》屋《や》さんのオジサン……!!
おう
おまえたちもいたのか！
本店
牛鍋
牛鍋
どーん
こ……この立派《りっぱ》なお店《みせ》……もしかして
オジサンの？
でか…
そのとおり！
はっはっ
おまえたちのおかげであれから店《みせ》は大繁盛《だいはんじょう》してな！ 今《いま》では10軒《けん》も支店《してん》を出《だ》しておるんだ！
ありがとうな！

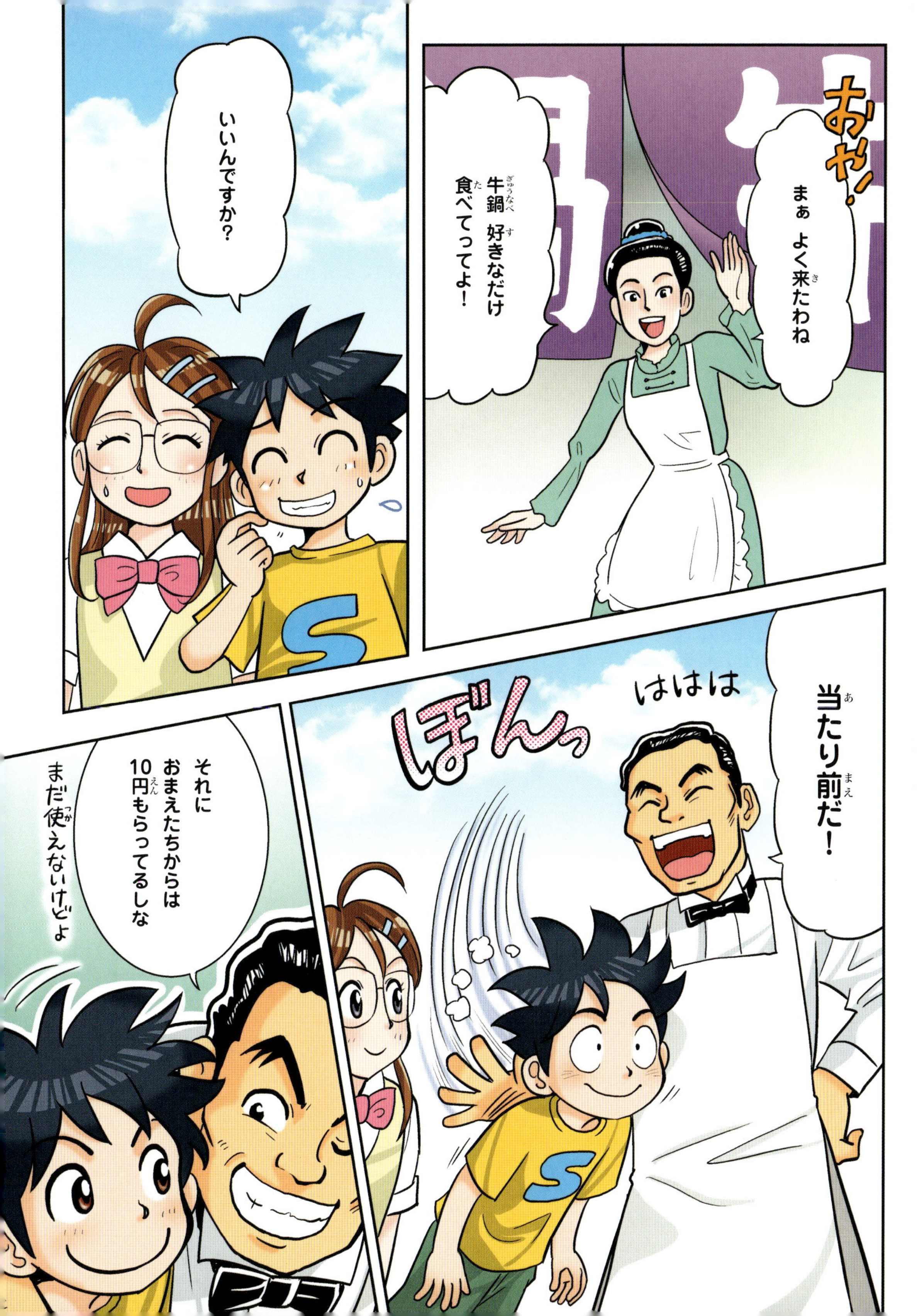
おや!
まぁ よく来《き》たわね
牛鍋《ぎゅうなべ》 好《す》きなだけ 食《た》べてってよ!
いいんですか?
当《あ》たり前《まえ》だ!
ははは
ぼんっ
それに おまえたちからは 10円《えん》もらってるしな
まだ使《つか》えないけどよ

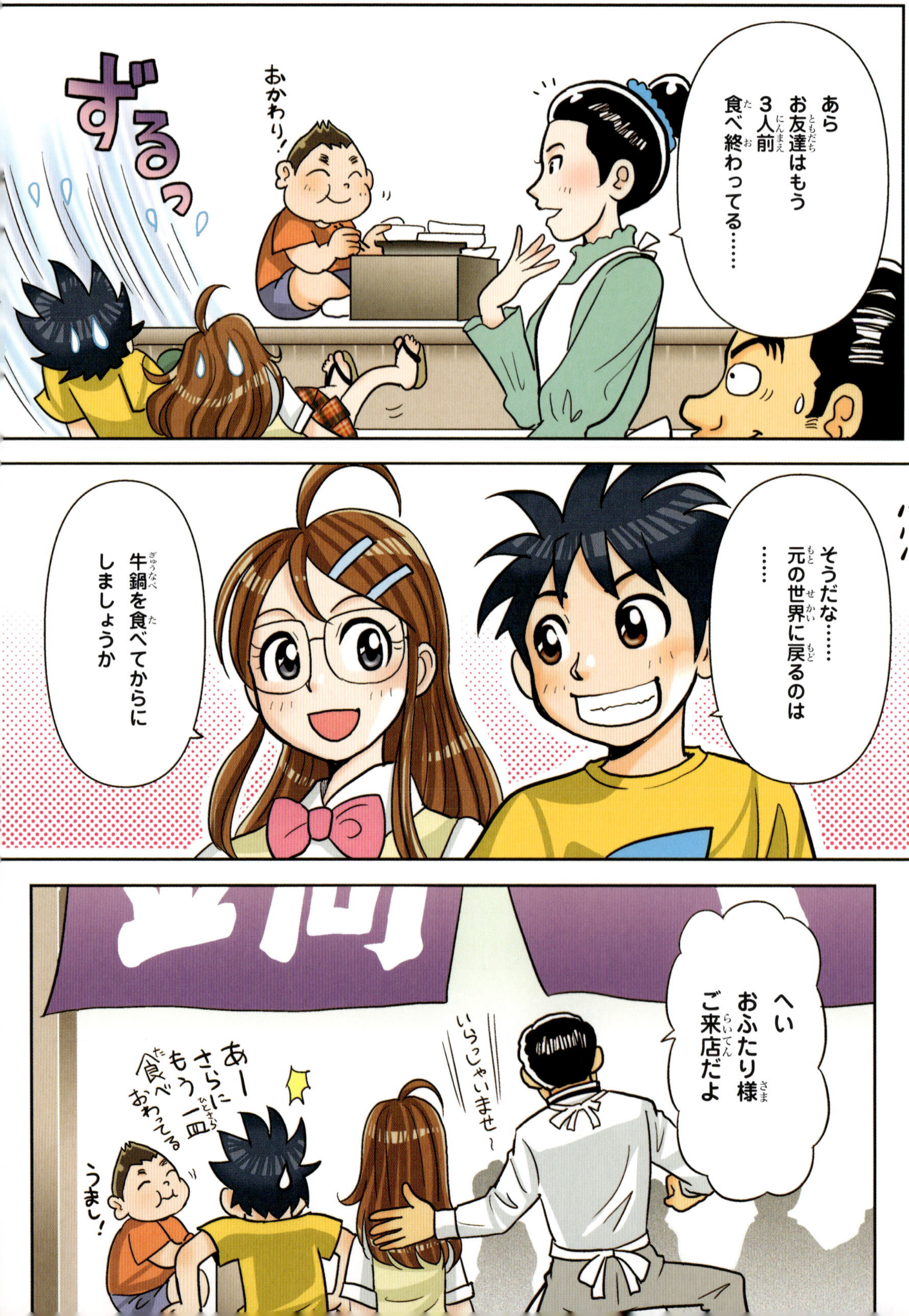

あら お友達《ともだち》はもう 3人前《にんまえ》 食《た》べ終《お》わってる……
おかわり！
ずるっ
ハハハ…
そうだな…… 元《もと》の世界《せかい》に戻《もど》るのは ……
牛鍋《ぎゅうなべ》を食《た》べてからにしましょうか
へい おふたり様《さま》 ご来店《らいてん》だよ
いらっしゃいませ～
あー さらに もう一皿《ひとさら》 食《た》べ おわってる
うまし！

「明治時代《めいじじだい》のサバイバル」終《お》わり。

日清戦争《にっしんせんそう》と日露戦争《にちろせんそう》

① 朝鮮《ちょうせん》への野望《やぼう》と日清戦争《にっしんせんそう》

日本《にほん》は朝鮮《ちょうせん》を無理《むり》やり開国《かいこく》し、朝鮮《ちょうせん》を自分《じぶん》たちの属国《ぞっこく》と考《かんが》えていた清《しん》(中国《ちゅうごく》)との対立《たいりつ》を深《ふか》めました。

1894(明治《めいじ》27)年《ねん》、朝鮮《ちょうせん》の内乱《ないらん》をきっかけに日《に》本《ほん》と清《しん》は朝鮮《ちょうせん》に軍隊《ぐんたい》を送《おく》り、日清戦争《にっしんせんそう》が始《はじ》まりました。戦《たたか》いは日本《にほん》が勝《か》ち、下関条約《しものせきじょうやく》が結《むす》ばれて賠償金《ばいしょうきん》と台湾《たいわん》などの領土《りょうど》を獲得《かくとく》しました。朝鮮《ちょうせん》は独立国《どくりつこく》と認《みと》められました。

② 満州《まんしゅう》への進出《しんしゅつ》と日露戦争《にちろせんそう》

下関条約《しものせきじょうやく》で、日本《にほん》が満州《まんしゅう》(中国《ちゅうごく》)の遼東半島《リャオトンはんとう》を手《て》に入《い》れると、満州進出《まんしゅうしんしゅつ》を狙《ねら》うロシアは、ドイツ、フランスとともに遼東半島《リャオトンはんとう》を返《かえ》すようにせまり、受《う》け入《い》れさせました。その後《ご》、ロシアが満州《まんしゅう》や朝鮮半島《ちょうせんはんとう》に進出《しんしゅつ》したため、1904(明治《めいじ》37)年《ねん》に日露戦争《にちろせんそう》が始《はじ》まりました。

この戦《たたか》いも日本《にほん》が勝《か》ち、ポーツマス条約《じょうやく》が結《むす》ばれて満《まん》州《しゅう》や韓国《かんこく》への進出《しんしゅつ》が認《みと》められました(賠償金《ばいしょうきん》はなし)。

もの知《し》りコラム

鉄《てつ》の生産力《せいさんりょく》を上《あ》げろ! 八幡製鉄所《やはたせいてつしょ》の建設《けんせつ》

軍事力《ぐんじりょく》を強《つよ》くするには、鉄《てつ》が必要《ひつよう》でしたが、当時《とうじ》の日本《にほん》には鉄《てつ》の生産力《せいさんりょく》がなく、輸入《ゆにゅう》に頼《たよ》っていました。そこで、日清戦争後《にっしんせんそうご》、政府《せいふ》が経営《けいえい》する八幡製鉄《やはたせいてつ》所《しょ》が福岡県《ふくおかけん》に設立《せつりつ》され、やがて国内《こくない》の約《やく》9割《わり》を生産《せいさん》するようになりました。

八幡製鉄所《やはたせいてつしょ》の修繕工場《しゅうぜんこうじょう》
現在《げんざい》は新日鉄住金《しんにってつすみきん》の工場《こうじょう》。写真《しゃしん》の大《おお》きなクレーンは100年以上前《ねんいじょうまえ》に設置《せっち》され、今《いま》も現役《げんえき》で動《うご》いていて、「明治日本《めいじにほん》の産業革命遺産《さんぎょうかくめいいさん》」のひとつとして世界文化遺産《せかいぶんかいさん》に登録《とうろく》されている

写真:朝日新聞社

明治時代《めいじじだい》のキーパーソン 10

日本海海戦《にほんかいかいせん》で勝利《しょうり》

東郷平八郎《とうごうへいはちろう》

★生没年《せいぼつねん》 1848 ～ 1934 年《ねん》

薩摩藩出身《さつまはんしゅっしん》の軍人《ぐんじん》。日本海海戦《にほんかいかいせん》の勝利《しょうり》に貢献《こうけん》して英雄《えいゆう》となり、皇太子《こうたいし》（のちの昭和天皇《しょうわてんのう》）の教育係《きょういくがかり》なども務《つと》めた。

国立国会図書館ＨＰから

日本海海戦《にほんかいかいせん》に臨《のぞ》む東郷平八郎《とうごうへいはちろう》（中央《ちゅうおう》）らを描《えが》いた絵《え》

1905（明治《めいじ》38）年《ねん》、対馬海峡《つしまかいきょう》で行《おこな》われた日本海海戦《にほんかいかいせん》で、司令長官《しれいちょうかん》の東郷平八郎《とうごうへいはちろう》率《ひき》いる日本《にほん》の連合艦隊《れんごうかんたい》がロシアのバルチック艦隊《かんたい》を撃破《げきは》。日露戦争《にちろせんそう》の勝利《しょうり》に大《おお》きく貢献《こうけん》した

東城鉦太郎「三笠艦橋の図」 記念艦 三笠 蔵

明治時代《めいじじだい》のキーパーソン 11

不平等条約《ふびょうどうじょうやく》を完全撤廃《かんぜんてっぱい》

小村寿太郎《こむらじゅたろう》

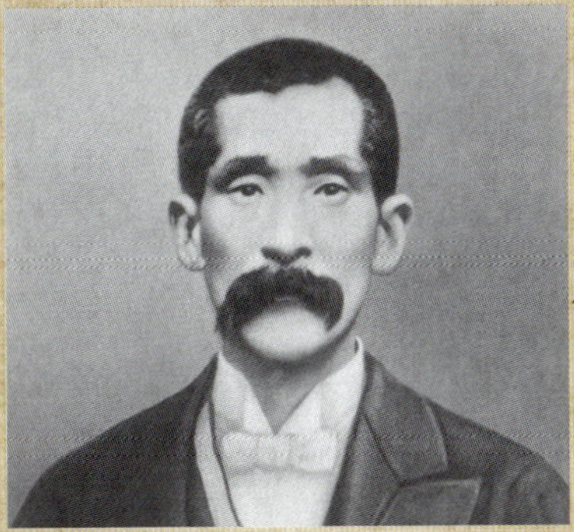

★生没年《せいぼつねん》 1855 ～ 1911 年《ねん》

明治時代《めいじじだい》の外交官《がいこうかん》・外務大臣《がいむだいじん》。日露戦争《にちろせんそう》の講和条約締結《こうわじょうやくていけつ》、韓国併合《かんこくへいごう》、不平等条約《ふびょうどうじょうやく》の完全撤廃《かんぜんてっぱい》など、多《おお》くの仕事《しごと》を成《な》し遂《と》げた。

国立国会図書館ＨＰから

③欧米列強《おうべいれっきょう》の仲間入《なかまい》り

2つの戦争《せんそう》に勝《か》ったことで、日本《にほん》は欧米諸国《おうべいしょこく》からその力《ちから》を認《みと》められました。1911（明治《めいじ》44）年《ねん》には、外務大臣《がいむだいじん》・小村寿太郎《こむらじゅたろう》が不平等条約《ふびょうどうじょうやく》の改正《かいせい》に成功《せいこう》して関税自主権《かんぜいじしゅけん》が完全《かんぜん》に回復《かいふく》され、日本《にほん》はようやく、欧米諸国《おうべいしょこく》と対等《たいとう》な立場《たちば》になりました。

日本《にほん》の勝利《しょうり》に、アジアでは欧米《おうべい》の支配《しはい》に苦《くる》しむ国々《くにぐに》が勇気《ゆうき》づけられる一方《いっぽう》で、日本《にほん》はアジアに進出《しんしゅつ》しました。1910（明治《めいじ》43）年《ねん》に韓国《かんこく》を併合《へいごう》して植民地的《しょくみんちてき》支配《しはい》を行《おこな》い、学校《がっこう》では日本語《にほんご》の教育《きょういく》が実施《じっし》されました。

明治時代《めいじじだい》年表《ねんぴょう》

明治時代《めいじじだい》

1868年《ねん》	戊辰戦争《ぼしんせんそう》が始《はじ》まる（～1869年《ねん》。旧幕府軍《きゅうばくふぐん》が新政府軍《しんせいふぐん》と戦《たたか》って敗《やぶ》れる）
	五箇条《ごかじょう》の誓文《せいもん》（新政府《しんせいふ》の政治《せいじ》の方針《ほうしん》が示《しめ》される）
	江戸《えど》が東京《とうきょう》と改《あらた》められ、年号《ねんごう》が明治《めいじ》に変《か》わる
1871年《ねん》	廃藩置県《はいはんちけん》が行《おこな》われる
	岩倉使節団出発《いわくらしせつだんしゅっぱつ》（岩倉具視《いわくらともみ》らの使節団《しせつだん》が欧米《おうべい》に向《む》かう）
1872年《ねん》	学制公布《がくせいこうふ》（小学校《しょうがっこう》、中学校《ちゅうがっこう》などをつくることが計画《けいかく》される）
	新橋《しんばし》～横浜間《よこはまかん》で鉄道《てつどう》が開業《かいぎょう》する
	富岡製糸場《とみおかせいしじょう》がつくられる
1873年《ねん》	徴兵令《ちょうへいれい》が出《だ》される
	地租改正《ちそかいせい》が行《おこな》われる
1874年《ねん》	議会《ぎかい》の設置《せっち》を求《もと》める意見書《いけんしょ》が出《だ》される。この頃《ころ》から、自由民権運動《じゆうみんけんうんどう》が盛《さか》んになる

1877年《ねん》	西南戦争《せいなんせんそう》
1883年《ねん》	鹿鳴館《ろくめいかん》が完成《かんせい》する
1885年《ねん》	伊藤博文《いとうひろぶみ》が初代総理大臣《しょだいそうりだいじん》になる
1886年《ねん》	ノルマントン号事件《ごうじけん》
1889年《ねん》	大日本帝国憲法《だいにほんていこくけんぽう》が発布《はっぷ》される
1890年《ねん》	第《だい》1回帝国議会《かいていこくぎかい》（国会《こっかい》）が開《ひら》かれる
1894年《ねん》	イギリスとの不平等条約《ふびょうどうじょうやく》の一部改正《いちぶかいせい》に成功《せいこう》する（領事裁判権《りょうじさいばんけん》の撤廃《てっぱい》）。他《た》の欧米諸国《おうべいしょこく》とも改正《かいせい》される
	日清戦争《にっしんせんそう》が起《お》きる（～1895年《ねん》。日本《にほん》が清《しん》〈中国《ちゅうごく》〉と戦《たたか》う）
1902年《ねん》	日英同盟《にちえいどうめい》が結《むす》ばれる
1904年《ねん》	日露戦争《にちろせんそう》が起《お》きる（～1905年《ねん》。日本《にほん》がロシアと戦《たたか》う）
1910年《ねん》	日本《にほん》が大韓帝国《だいかんていこく》（韓国《かんこく》）を併合《へいごう》する
1911年《ねん》	不平等条約《ふびょうどうじょうやく》が完全《かんぜん》に撤廃《てっぱい》される（関税自主権《かんぜいじしゅけん》の完全回復《かんぜんかいふく》）

監修　河合敦
編集デスク　大宮耕一、橋田真琴
編集スタッフ　泉ひろえ、河西久実、庄野勢津子、十枝慶二、中原崇
シナリオ　十枝慶二
コラムイラスト　相馬哲也
コラム図版　平凡社地図出版、エスプランニング

参考文献　『早わかり日本史』河合敦著 日本実業出版社／『詳説 日本史研究 改訂版』佐藤信・五味文彦・高埜利彦・鳥海靖編 山川出版社／『山川 詳説日本史図録』（詳説日本史図録編集委員会編 山川出版社）／『21世紀こども百科　歴史館』小学館／『ビジュアル・ワイド 明治時代館』小学館／『ニューワイドずかん百科　ビジュアル日本の歴史』学研／『復元 鹿鳴館・ニコライ堂・第一国立銀行』東京都江戸東京博物館監修 ユーシープランニング／『復元 文明開化の銀座煉瓦街』東京都江戸東京博物館監修　ユーシープランニング／「週刊マンガ日本史」36 ～ 41 号　朝日新聞出版／「週刊新マンガ日本史」41 号、42 号、45 号 朝日新聞出版

※本シリーズのマンガは、史実をもとに脚色を加えて構成しています。

明《めい》治《じ》時《じ》代《だい》のサバイバル

2016年９月30日　第１刷発行

著　者　マンガ：もとじろう／ストーリー：チーム・ガリレオ
発行者　須田剛
発行所　朝日新聞出版
〒104-8011
東京都中央区築地5-3-2
編集　生活・文化編集部
電話　03-5540-7015（編集）
03-5540-7793（販売）

印刷所　株式会社リーブルテック
ISBN978-4-02-331510-5
定価はカバーに表示してあります

落丁・乱丁の場合は弊社業務部（03-5540-7800）へ
ご連絡ください。送料弊社負担にてお取り替えいたします。